46亿年，穿越地球

费宣 文　　李传志 图

中国地图出版社

·北京·

图书在版编目（CIP）数据

46亿年，穿越地球 / 费宣著．—北京 ：中国地图出版社，2021.4

ISBN 978-7-5204-2232-1

I. ①4… II. ①费… III. ①地质学史－普及读物
IV. ①P5-49

中国版本图书馆CIP数据核字（2021）第044770号

46亿年，穿越地球

出版发行	中国地图出版社	字　　数	180千字
社　　址	北京市白纸坊西街3号	经　　销	新华书店
邮政编码	100054	印　　张	19
网　　址	www.sinomaps.com	版　　次	2021年4月第1版
印刷装订	北京时尚印佳彩色印刷有限公司	印　　次	2022年2月北京第2次印刷
成品规格	185mm×260mm	定　　价	98.00元

书　　号　ISBN 978-7-5204-2232-1

如有印装质量问题，请与我社发行部联系；如有图书内容问题，请与本书责任编辑联系，
联系方式：dzfs@sinomaps.com。

序 一本适合陪伴你旅行的书

转眼间，距离云南著名地矿专家费宣的上一本书《云南地质之旅》出版，已经过去了四年，在这四年间，他信守诺言，仍旧没有停下追寻梦想的脚步。

费宣不同于我们常见的这个年纪的绝大多数中国人。在他和我穿越撒哈拉大沙漠时，我有幸见证他度过了60大寿。那天，我们看到了德博湖上穿梭的渔船，岸上的小孩滚着铁环奔跑，虽然传说中的河马集体沐浴没有登场，但是这个晚上终于吃到了一顿非洲特色高粱饭。费宣情不自禁地说："这个生日过得真是值啊，得到了这么一份大礼。如果不是来撒哈拉，那么我60大寿的礼物难说就是一份退休通知书，我剩下的人生路说不定就是在遛鸟逛公园中度过。现在，我人生的下半场开始了！"

地球已经有大约46亿年的生命历程。但科学家们认为，它还处于中年时期，也就是说，地球还能以这种形态继续存在50亿年到100亿年的时间。地球是有生命的，正像人有生命、动物有生命、植物有生命一样，他们都有自己的过去、现在和未来，有着自己出生、成长、壮大、衰老和死亡的生命过程和生命周期。假设把地球的46亿年比作46千米，一个人活了100岁，这个100岁只相当于这46千米当中的1毫米，人这一生，相比较于地球的生命历程来说，就犹如头发丝一样细小，甚至可以说是微不足道的。

在中国，从古时候皇帝的兴火炼丹到现在老百姓的各种养生妙招，人人都希望自己能够长命百岁，似乎长命百岁就是人生最美好的结局。然而，长命百岁对地球来说，不过是一瞬间的事。但人生虽短，充满智慧的人类还是在自己不长的生命历程中创造了不计其数的奇迹，从发现美洲大陆的哥伦布，到双耳失聪还创造出经典世界名曲的贝多芬；从一生中有2000多项个人发明的爱迪生，到坐在轮椅上提出黑洞蒸发理论的霍金……纵观历史，人类不断实现自我价值，其散发出来的耀眼光芒丝毫不比日月星辰逊色。

与共和国同龄的费宣，身上洋溢着永不衰竭的理想主义激情，他经常引用英国诗人雪莱“过去属于死神，未来属于你自己”这句话，来激励自己，鼓舞别人。在撒哈拉的那一夜，他曾对我说：“飞豹，我的职业生涯结束了，但我的人生下半场才刚刚开始，我觉得身上充满了激情。我决定了，不到70岁我绝不会停下脚步……”如今，古稀之年已经飘然而过，他却仍旧在前行。他这种永不停歇的精神，就和现在读者手中拿着的这本书的主角——地球一样，拥有着澎湃的生命力。

费宣和我是多年的好友，我们并肩创造过许多中国人探险、长途旅行的纪录：2008年6月穿越格陵兰，2009年穿越撒哈拉大沙漠，2010年徒步考察百年滇越铁路，2011年骑自行车纵贯东南亚六国，2013年徒步考察三江并流核心区，2015年骑自行车横穿美国。此外，2014年4月，费宣作为唯一的中国队员参加了北极国际探险活动，在65岁徒步到北极点，成为迄今为止徒步到达北极点年龄最大的中国人。在与费宣的多次探险经历中，我被他追逐梦想的精神打动，他既是我的良师益友，也是我的探险伙伴。

此次，他的新书《46亿年，穿越地球》出版，这本有趣的书将会带你走进一个神奇的世界，他用生动有趣、通俗易懂的文字为读者展现了地球的生命历程，原本枯燥乏味的地质知识被他诠释得趣味盎然、引人入胜。当我看到这本书的书稿时，被这些文字深深吸引，在不到一天的时间里一口气读完了全书，仿佛乘坐着时光机经历了一场地球的生命旅程。每一个地球人，都应该了解我们赖以生存的这颗蓝色星球，只有充分了解了我们的家园史，才能不断反思自己的生命价值和意义。

此外，本书的所有插画均由著名手绘师李传志绘制。李老师绘画技巧娴熟，画风生动有趣，为此书增添了很大的亮点。这本书不仅适合成年人阅读，我更希望能推荐给广大青少年读者，因为它是一本开卷有益、生动有趣的地质科普读物！我非常荣幸能成为本书最早的读者。

现今地球表面上的一切，都来自于地球46亿年的积累。多了解一些地球历史，你就可以更加了解山川大地，更多把握自然规律；你就可能有更高、更新的视角，你的心胸也可能变得更加宽广、明亮。

这也是一本适合陪伴你出外旅行、亲近自然的书籍。现在，我把这本书分享给大家，希望大家也同我一样，乘上这列时光机，一探人类家园的前世今生！

探险家　金飞豹

2021年3月于昆明滇池畔

前言

很多年以前，当我还在上小学，实际上可能比现在的你还要小得多的时候，就幻想着要去走遍世界，还想着要登上太空，从月亮上看看我们的地球。关于地球，你脑子里想象过的那些事情，我的脑子里也曾经想象过。于是，我就上了地质大学，到了勘探队。我走过世界的很多地方，曾徒步到达过北极点，和我的伙伴一起穿越过撒哈拉大沙漠，甚至还尝试攀登过世界的最高峰。在看过很多很多神奇的风光后，我觉得我对地球的了解还是不够！那些学过的知识、用过的方法，在神奇的自然面前，显得是多么的单薄！所以，我也像现在的你一样，常常提出很多问题，并带着这些问题去书上寻找答案，或者到大自然里去验证结果。这是一件多么有趣的事情！而我对地球的了解，就这样一点一点地积累起来了！

不管你住在地球的哪个角落，你对你附近的山冈、原野、丘陵、河流、海洋、高山，甚至沙漠，都会有相当的了解。也许你会观察到山冈上的岩石是不同的；被地质作用切割而成的山冈断壁上，不同的岩层像书页一样整齐排列；在高山顶上，可能会捡到一块贝壳化石，而这些贝壳只应出现在海洋里；在海边，一些山脉好像延伸到了海洋深处，而另一些山脉又从海洋里冒了出来，成为海岛；沙漠是沙粒的海洋，而沙粒挤压在一起并固结，又成了岩石……

当你外出旅行，除了徜徉于那些希腊雕像、罗马残柱、高耸的方尖碑、辉煌的圣殿、庄严的教堂外，一定也会流连于那些连绵的群山、高耸的雪峰、乱石嶙峋的深谷，以及深邃的大海。我想，你一定会为大自然的神奇而惊叹！但是，你可能还不知道：

公元前 100 年，地下的碳酸水渗出、结晶，才有了土耳其的棉花堡。

公元前 1600 年，地中海上一次猛烈的火山喷发，带出了海底的几块岩石，天长日久，美丽的圣托里尼岛诞生了。

25000 年前，北方的风裹挟着空气中的尘埃，越过冰盖，沉积在了中纬度第四纪冰川的南缘。于是，在北美洲、中国西部、乌克兰形成了厚厚的、肥沃的黄土层；同样地，在南极冰盖边缘，现在的阿根廷中部形成了同样的黄土层。

100 万年前，在板块运动余波的驱使下，阿拉伯半岛和非洲大陆慢慢分开，一道深深的裂谷涌入了海水。在赤道强烈阳光的烘烤下，水分迅速蒸发，海水里的盐达到了每升 340 克的浓度，水位也下降到了海平面以下 427 米，这就是我们熟悉的以色列的死海。

600 万年前，地壳运动封闭了直布罗陀海峡，大西洋注入地中海的水量慢慢减少，直至干涸，地中海成了一个光秃秃的盆地，海水蒸发后留下

>> 你一定感叹那些历史久远的不朽杰作是怎么完成的。除了人类的智慧和汗水，是地球历史的积累让艺术的创作有了理想的原料

了厚达 1500 米的盐层。又过了 30 多万年，大西洋的海水重新流入，蓝色的地中海一直保留到今天。

1700 万年前，地幔上的一个个喷口，把地下的热量带到地表，加热了移动着的大陆板块，在一些低洼处形成了热水湖、间歇泉、瀑布，它们和星星点点、到处分布的彩色结晶溶洞一起，组成了海洋里的美妙景观，这就是被人们视为度假天堂的夏威夷、留尼汪、大溪地、冰岛和黄石公园。

4500 万年前，清澈的海水浸泡着地中海周围和欧洲的大部分地区。当时是热带气候，许多单细胞生物在海里迅速繁殖，它们的残骸在海底堆积、硬化，形成了米色或者白色的坚硬岩石，上面还可以见到有孔虫骨骼的细小微粒。这种岩石虽然非常坚硬，但却容易打磨，是上好的建筑材料，古埃及、古希腊、古罗马那些不朽的建筑和雕塑，就是取材于这种由生物骨骼堆积而成的含贝石灰岩。巴黎、罗马、柏林、佛罗伦萨等等城市的石头建筑，都得益于这种生物造岩。

5000 万年前，在大西洋的北部，当格陵兰岛和爱尔兰岛及苏格兰分开的时候，地壳的裂开引发了火山活动。火山熔岩在海水里冷却，凝结成菱形的玄武岩柱，4 万多根这样的玄武岩柱密集排列，从爱尔兰的安特里姆高原山崖一直延伸到海里。人们认为，这是巨人从爱尔兰跨越到苏格兰的栈道，因此被称作“巨人之路”。

5600 万年前，欧洲的北部是一片浅海，波罗的海周围分布着茫茫的森林，树上流淌下来的树脂粘着树叶、昆虫、碎石，沉积在海水里，经过化学作用，变成琥珀。

1 亿多年前，猛烈的火山活动把钻石从接近 200 千米的地球深处，沿着火山通道带到地表的浅部。虽然钻石的化学成分和碳完全一样，但在地球深部高温高压的环境下，经过了十几亿年到几十亿年的漫长岁月，改变了晶体结构，成为最坚硬、最贵重的矿物。所以，钻石是世界上最古老的宝石。

……

这些有趣的现象，都是地球上曾经发生过的故事。但是，还有更多有趣的现象，大家也许还不太了解。

比如说：

地球诞生的时候，是个什么样子？

小贴士

火成岩是由火山喷发出的岩浆冷却后凝固而成的岩石，也叫岩浆岩。岩浆岩分侵入岩和喷出岩两种。侵入岩是地下岩浆在内力作用下，沿着岩层裂隙，侵入到地壳上部，在地表下冷却凝固，成为岩石，侵入岩的矿物结晶颗粒较大，代表岩石是花岗岩。喷出岩则是地下岩浆沿地壳薄弱地带的通道喷出地表，冷凝形成的岩石，喷出岩的矿物结晶颗粒细小，代表岩石就是玄武岩。火山爆发流出的岩浆温度高达 1200℃，如果在水下喷发，在冷却的过程中结晶，结晶体就会形成柱状节理。也有人认为，玄武岩柱状节理是因为岩浆在喷发的过程中被堵塞，在火山口内冷凝结晶而成的。

地球上的生命，是什么时候开始出现的？

人类居住的陆地，确实是分开又连合、连合又分开吗？

地球上曾经出现过多少物种，它们是怎么进化的？

各种不同的岩石是怎么来的？我们应该怎样称呼它们？

地球上曾经发生过多少次大规模的生物生存灾难事件？

都是些什么原因造成了大规模的生物灭绝？

还会有新的生物生存灾难事件发生吗？

什么样的条件下可以找到金矿？

又是什么样的条件下可以找到煤矿？

为什么在世界的最高峰上，会有海洋动物的化石？

撒哈拉沙漠的下面，确实有地球上最大的淡水湖吗？

地球历史上的那些宙、代、纪、世是怎么回事？

地球的寿命有多长？地球也会灭亡吗？

生命产生的条件是什么？

地球生命是宇宙的唯一吗？

……

这些问题的答案，只有从地球的历史中去寻找。

如果你有更强的好奇心，你一定希望搭乘一部时光机器，穿越时间，穿越空间，从现在回到过去，到达宇宙的深部，看看幼儿时期，甚至是婴儿时期的地球，看看那些像下雨一样砸向地面的陨石，看看那些像除夕的焰火一样到处喷发的火山，还要看看那些数不清的奇奇

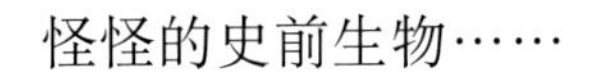

怪怪的史前生物……

当然，你也可能更希望自己像《侏罗纪公园》里的角色一样，和凶猛的恐龙相遇，发生许许多多惊险而有趣的故事！

虽然那样的一部时光机器目前还不存在，但是，你的愿望还是有可能实现！

今天，我就想带着你，回到很久很久以前，

久到我们大多数人都难以想象的过去，去看看我们的地球是怎样出生、长大，变成今天的样子，并成为我们的家园；去看看那些高高的大山，是怎样从海里慢慢地升起；去看看我们的大陆，是怎样慢慢地合拢又慢慢地分开；去看看那些陨石砸向地球的深坑、火山喷发留下的湖泊……当然，我们还要去看看三叶虫的世界、始祖鸟的家园、冰河时期的猛犸象，以及我们更感兴趣的恐龙王国！

另外，还有那些奇形怪状的岩石、五光十色的矿物、冰川流过的痕迹、动植物们留下的化石，以及沉到海底的陆地、还在缓慢上升的山峰、可能存在过的史前文明，甚至是外星生命……

当然，我们不是乘坐时光机器，而是翻开你手上拿着的这本书！

现在就让我们出发吧！

>> 让我们出发吧

目录

第一辑　重新认识一下我们的地球

第二辑　远古的准备

第三辑　爆发与成长

第四辑　灾难和新生

第一辑

重新认识一下我们的地球

01
时间可以这样对比

200 多年前，有人按照《圣经》里的一些描述，认为地球的年龄有 5000 年。后来又认为有 1 万年或 10 万年。18 世纪时一位天才的神父宣称：地球是在公元前 4004 年 10 月 23 日星期天上午 9 点正，由全能的上帝创造出来的。

不用说，你一定会笑出声来！

直到近代，科学家用放射性同位素的测定方法，才测定出地球的年龄大约为 46 亿年。估计在你上小学的时候，老师就告诉过你这个数字。而这个超出很多人概念的巨大数字是怎样得出的呢？

岩石里有一种放射性的矿物叫铀。铀会按照一定的时间和速度衰变成铅。所以，人们根据岩石里铀和铅含量的对比，依据同位素测年的计算公式，

就可以比较精确地推算出岩石的年龄！这就是放射性同位素的测定方法。

科学家们把地球成长的46亿年分为两个阶段："隐生宙"和"显生宙"。"隐生"的意思，是说在生命成长的初期，一切都是模糊的。就像我们人类不可能记住自己5岁以前经历的每一件事情！事实上，地球的生命从无到有，一开始是以简单微小的生命形式出现在地球上的。他们只有很少的踪迹，以化石的方式保留在岩石里，就像是隐藏起来一样。后来，地球的一些秘密因为岩石记录的出现，慢慢地显示出来了，人们知道了更多的情况，

>> 某位神学家宣称地球是上帝创造的

所以就把这个阶段叫作“显生”。而“宙”则是一个很长很长的时间阶段。

“隐生宙”的时间很长。从地球诞生，到5.41亿年前“寒武纪”“生命大爆发”以前都是“隐生宙”，有大约40.59亿年。于是，科学家们把“隐生宙”又划分为三个阶段：“冥古宙”“太古宙”和“元古宙”。这三个宙经历的时间长短不同，分别是大约6亿年、15亿年和19.59亿年。

你也许会在一些读物上见过下面这些奇怪的称呼：“成铁纪”“层侵纪”“造山纪”“固结纪”“盖层纪”“延展纪”“狭带纪”“拉伸纪”“成

小贴士

地层和岩石的年是可以利用放射性元素的衰变现象计算出来的。许多矿物都有随着时间推移发生成分、结构的衰变现象。例如，岩石中的放射性铀 235 元素，经过 7.1 亿年，半数的原子发生衰变，衰变后变成了铅 207，所以，根据岩石中该放射性元素已经衰变的数量，就可以测算出这种岩石的年龄。

冰纪”“埃迪卡拉纪”，等等。这是科学家们为“元古宙”划分出来的不同的时间阶段，也叫作 “纪”，还有的科学家把这 40 多亿年的漫长的“隐生宙”，统统称为“前寒武纪”。

比较于“隐生宙”，“显生宙”的时间跨度很短，只有大约 5.41 亿年。但是，“显生宙”却是地球生物大发展的阶段，“显生宙”由“古生代”“中生代”“新生代”三个阶段组成。

“显生宙”是地球上最热闹的时期。人们对“显生宙”的了解比前 3 个“宙”要多得多。我们经常听说的“古生代”“中生代”“新生代”，以及这些时代所包含的“寒武纪”“奥陶纪”“志留纪”“泥盆纪”“石炭纪”“二叠纪”“三叠纪”“侏罗纪”“白垩纪”“古近纪”“新近纪”和“第四纪”，都在“显生宙”阶段。

“显生宙”各纪的命名可以分为几种情况：有些来源于地理名称，比如“寒武”“泥盆”都与英格兰岛有关，“侏罗”则是西欧的一条山系；

有些来源于一些原住民的部落名称，比如“奥陶”“志留”，这些名字读起来诗意盎然、韵味十足；另外一些就浅显得很了，比如“二叠”“三叠”，是描述地层的分层特征的，一目了然。有两个纪是根据地层中富含的矿物命名的，这就是“石炭”和“白垩”。当然，如果开玩笑，也可以把“石炭纪”和“白垩纪”叫成“煤炭纪”和“白土纪”，不过听起来就显得很没文化了。而“古近纪”和“新近纪”，其实就是“前天纪”和“昨天纪”，非常容易理解。不言而喻，“第四纪”就是“今天纪”，是我们现在生活的时代。

人们对“显生宙”的了解比前3个“宙”要多得多。科学家们认定，从“寒武纪”开始到近代，整个“显生宙”确切的时间跨度，是5.41亿年。

简单地归纳一下，地球的历史一共划分为4个“宙”。在4个“宙”中最新的“显生宙”里，就包含了我们比较熟悉的12个“纪”。

这些“宙”“纪”，包括我们以后还要介绍的“代”“世”“期”，都是地球历史的不同时间阶段。

请记住！“4宙12纪”，就是到现在为止，地球成长的全部时间阶段，也就是地球的历史档案。

以后，我们再慢慢地了解这些阶段和它们的故事。

要了解地球的历史，就需要建立起更加宽广的时间和空间的概念。46亿年是多长的时间啊？我们平常最熟悉的数字是百、千、万、亿。亿是最大的数字。当然还有兆。

可不可以想个办法，让大家更容易搞清楚46亿这么大的数字？

当然可以。我们来试试吧。

现在，我们用自己熟悉的日历时间“一年”，来和地球的年龄“46亿年”做对比。我们都知道，一年有365天，如果把地球的年龄压缩成一年，那么，我们日常的一天，对于地球年龄来说，就相当于1260万年。按照这种算法，地球的成长过程是这样的：

“隐生宙”的40.59亿年，相当于一年日常时间的322天；而“显生宙”的5.41亿年，只相当于一年日常时间的43天。也就是说，从元旦那天算起，即从1月1日直到11月18日，这些漫长的时光是“隐生宙”；而从11月19日到12月31日，仅仅40多天的时光，才是“显生宙”。相对于一年的365天，这40多天只是一年时间的九分之一。所以，我们对地球历史的把握，还是非常有限的。

这样比较，是不是更清楚一些？

曾经布满地球水面的三叶虫，最早出现在5.41亿年前的“寒武纪”早期，灭绝于2.52亿年前的“二叠纪”晚期，一共生存了2.89亿年。就是说，三叶虫出生于11月17日，灭绝于12月8日，共生存了21天。

横行地球的恐龙，最早出现在2.3亿–2.25亿年前的“三叠纪”晚期，灭绝于6600万年前的“中生代”晚期，活跃了1.6亿年。也就是说，恐龙们出生的时间是12月13日，灭绝的时间是12月25日，一共存活了13天，比三叶虫存活的时间还短了8天。

我们人类呢？科学家们普遍认为，大约700万年前，人类从猿类开始分化出来。后来，在大约400万年前的时候，“南方古猿”出现。“南方古猿”演化到“能人”，经历了240万年。而从“能人”演化到现代的我们，经历了大约260万年。通常，科学家们就把从260万年以前从“能人”

开始的演化，看作是人类进化的时间点。当然，我们也可以把大约 700 万年前人类从猿类开始分化出来，作为人类起源的开始。

折算一下，人类从猿类开始分化，按照日历时间应该是在 12 月 31 日的上午 10 时 40 分。

人类的文明史呢？一直要到 12 月 31 日晚上的 11 点 28 分，埃及金字塔才开始建造。而最后的 1.7 分钟，蒸汽机出现，工业文明开始。

当然，我们也可以换一种比较方式，比如用我们人类能活到的 100 年，去对比地球的 46 亿年，这样会得出什么结果呢？我们很容易就能算出：

一个人的百年一生，只占地球生命的 0.68 秒。

通常我们眨一下眼，需要 1 秒！ 0.68 秒还不够眨一下眼！也就是说，不等人们的眼睛眨一下，您的一生就“嗖”地在地球上瞬间成了过去！

这比较，是不是非常震撼？

还有人用“地质钟”来帮助人们理解 46 亿年的漫长历史时间，就是把 46 亿年分解到 12 个小时里去！结果是：从零点到 1:35 是“冥古宙”，从 1:35 到 5:29 是“太古宙”，从 5:29 到 10:35 是“元古宙”，从 10:35 到 12:00 的一个多小时，才是“显生宙”。地球更清楚些的故事，就发生在这最后的一个多小时里。

这样分是不是也很直观有趣？

三叶虫在地球上生存的时间，是人类从猿类开始分化到现在为止生存时间的 40 倍，而恐龙在地球上生存的时间，则是人类从猿类开始分化到现在为止生存时间的 23 倍！也就是说，三叶虫和恐龙在地球上生存的时间，比人类到目前为止生存的时间长很多！

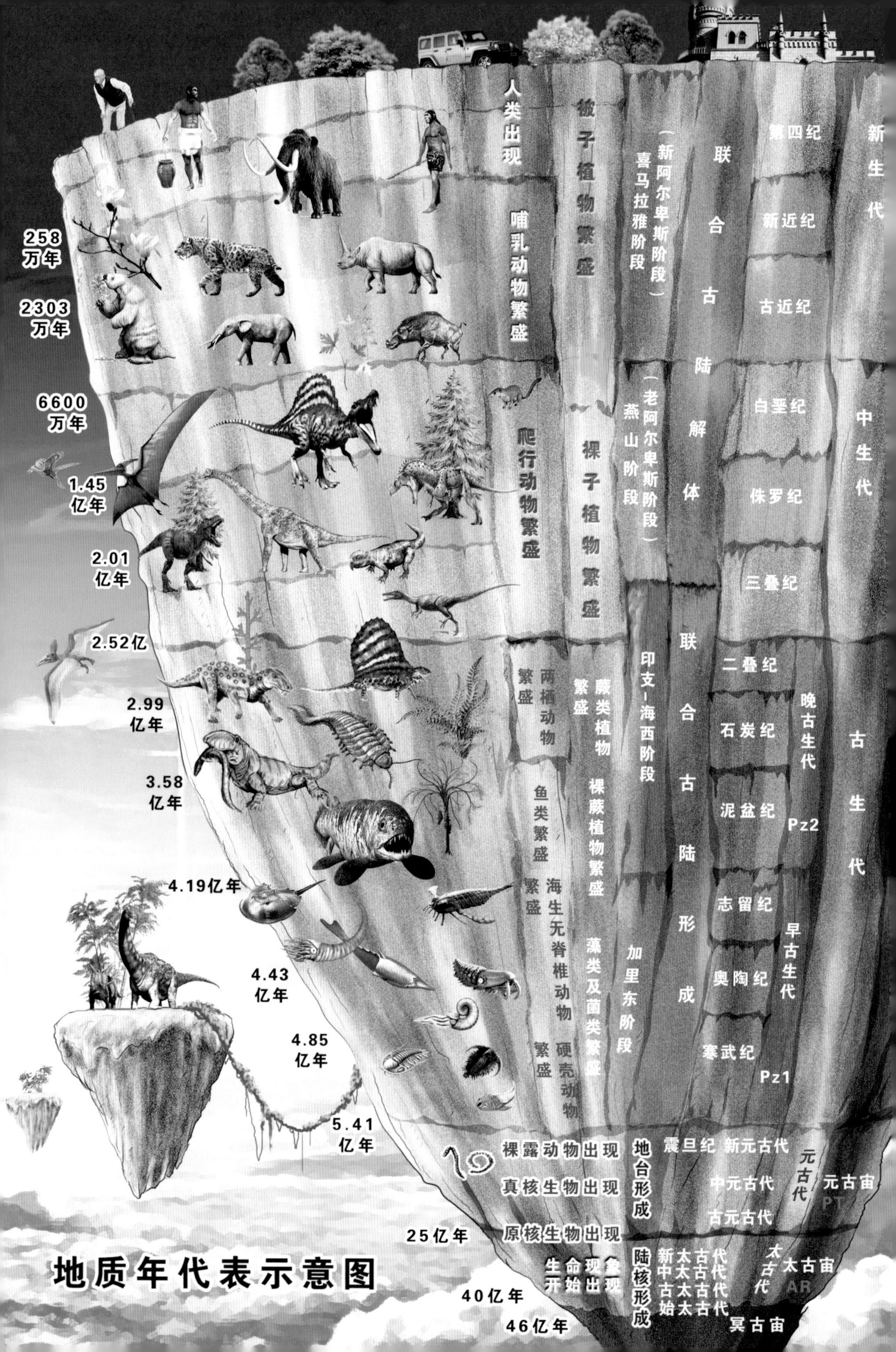

258万年
2303万年
6600万年
1.45亿年
2.01亿年
2.52亿
2.99亿年
3.58亿年
4.19亿年
4.43亿年
4.85亿年
5.41亿年
25亿年
40亿年
46亿年
人类出现
哺乳动物繁盛
被子植物繁盛
爬行动物繁盛
裸子植物繁盛
两栖动物繁盛
蕨类植物繁盛
鱼类繁盛
裸蕨植物繁盛
海生无脊椎动物繁盛
藻类及菌类繁盛
硬壳动物繁盛
裸露动物出现
真核生物出现
原核生物出现
生命现象开始出现
（新阿尔卑斯阶段）喜马拉雅阶段
（老阿尔卑斯阶段）燕山阶段
印支-海西阶段
加里东阶段
地台形成
陆核形成
联合古陆解体
联合古陆形成
第四纪
新近纪
古近纪
新生代
白垩纪
侏罗纪
三叠纪
中生代
二叠纪
石炭纪
泥盆纪
晚古生代
Pz2
志留纪
奥陶纪
寒武纪
早古生代
Pz1
古生代
震旦纪
新元古代
中元古代
古元古代
元古代
元古宙
PT
新太古代
中太古代
古太古代
始太古代
太古代
太古宙
AR
冥古宙
地质年代表示意图

>> 又一颗“阿凡达”式的星球！地球编年史原来可以这么壮观

可见，相对于有46亿年历史的地球，相对于地球上曾经出现过的其他生物，“人”实在是太渺小了。哪怕是在科技高度发达的今天，“人”对自然、对地球、对宇宙，以至于对“人”自己已经了解和掌握的，还仅仅是冰山一角。还有太多的未知在等待着我们去发现，也一定会有更多的已知在等待着我们经过实践去修正。

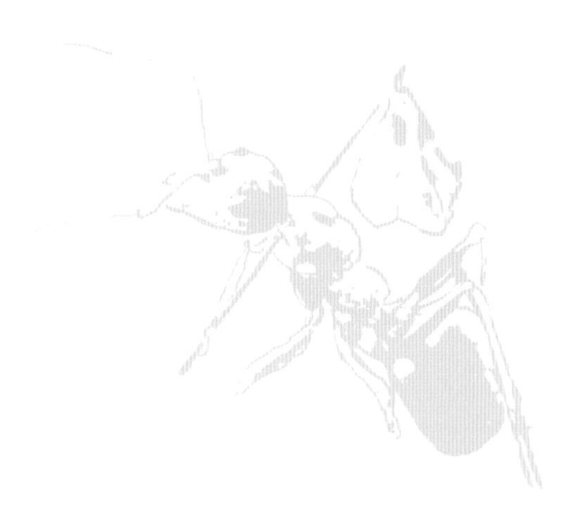

02
一只蚂蚁的眼光

你肯定知道我们的地球在太阳系的位置，也可能知道太阳系在银河系里的位置，甚至你还知道银河系在宇宙中的位置。但是，宇宙在哪里呢？

我也不知道！

我只是知道，人类观察到的、宇宙间的最远距离是135亿光年！光年是什么意思？光年就是光在一年当中走过的直线距离。光在真空的速度是每秒30万千米，光在一年中走过的距离是多少呢？大约9.46万亿千米，简直无法想象！光在一亿年里走过的距离，更是无法想象！

为了理解地球，我们一定要抛弃自己日常熟悉的时间和空间尺度。事实上，我们生活在宇宙中一颗渺小的尘埃上。宇宙中有几千亿个星系，每个星系里又有几百至几千亿颗太阳，地球只是太阳系里的一颗小小星球。

而宇宙的外面还有我们更加无法想象的数不尽的其他宇宙！

作为地球上的一个小小生命，我们怎样才能确定自己在空间的位置？这对于我们去看看地球的过去非常重要！人类的足迹已经踏上了月球，活动半径扩大到 38.4 万千米，也就是地球到月球的距离。人类如果要到太阳的话，距离就相当于目前活动半径的 391 倍，因为地球到太阳的平均距离约为 1.5 亿千米。

我们不妨设想一下，作为一只生活在西双版纳热带雨林里的蚂蚁，它一生当中到过的最远地方，大概就是附近山坡下的某一堆野象粪便，距离不会超过 50 米。那么，这 50 米半径的活动范围就是它全部的世界！它已经环绕了自己的世界。因为，它是一只既勇敢又聪明的蚂蚁！别的大多数蚂蚁，也许一辈子都到不了那堆野象的粪便。但是，如果按照人类的活动范围扩大到太阳来计算的话，这一只可敬的蚂蚁，它的活动范围也只有直径 39.1 千米！这已经相当于它目前活动范围的 782 倍，是一个天文数字了！

如果这只蚂蚁想看看大海的话，到离它最近的孟加拉湾直线距离有 750 千米，相当于它活动半径的 15000 倍。如果这只充满了幻想的蚂蚁还想看看高山的话，从西双版纳到珠穆朗玛峰的直线距离是 1705 千米，相当于这只蚂蚁活动半径的 34100 倍。

所以，这只蚂蚁的活动空间非常有限！要看看海洋和高山简直不可能！当它爬上一棵大树，放眼一看，周围全都是密密麻麻的森林，它推测，这片森林的远方还有更多的森林，就像晚上看到的满天繁星一样。但它肯定不知道：除了孟加拉湾和珠穆朗玛峰以外，更远的远方还有更多的海洋、

>> 它虽然充满了智慧，但是，对于这片森林外面的无穷世界，现在的它，是完全无法全面了解的

更多的高山。而且，除了它生活的这片热带雨林，地球上还有其他更多的雨林，并且还生活着更多的它的同类！这些东西所在的地方就是地球。但是，除了地球以外，还有太阳、银河系，更多的太阳，更多的银河系……无边无际、无穷无尽！很多它根本没有机会知道！

我们是不是很像这只小小的蚂蚁呢?

03
生命的痕迹

我们怎么才能知道人类的历史呢？

你去过金字塔吗？还有帕特农神庙、罗马斗兽场、巴别塔、巨石阵、长城、马丘比丘、桑奇大塔……这些建筑上的遗迹，记录了人类的历史。

当然还有文字。在遍布世界的各种博物馆里，在大学的图书馆里，整齐地收藏着各种各样的书籍、地图、标本。甚至在你家里的某个角落，都有可能小心地收藏着你的爷爷、爷爷的爷爷、直到你不知道该怎么称呼的某一位先祖留下来的一封信、一幅画，或者一张残破的纸片——这也是历史！

更重要的是，人们在地下挖出的许许多多石器、陶器、铜器、铁器，各种生产工具、生活用具、打仗的兵器，发掘出来的城市、堡垒、工场、陵墓等，才是活生生的、真实的历史！

因为文字有时候不太可靠。有的人会把自己的想法写进文字，有的人也会把实际发生过的故事从文字里抹掉，使得后来的人要花很大的工夫，去证实这些前人所写的东西是不是真实的历史！

所以，来自地下的遗迹或者实物，对于了解历史来说，就显得非常重要。

记录地球历史最好的证据就是化石。

在极其特殊的自然环境下才能保存化石。当植物、动物，或者它们生长、活动的某个场所突然遇到了某种可怕的事件，如泥沙在一瞬间掩埋了一切，这些植物、动物和它们生长的痕迹被氧气隔绝，保存在泥沙中，不再遭受外界的破坏。在千万亿年漫长的岁月里，经过了化学的变化和矿物质的交换，这些遗体和痕迹奇迹般地保存在了石头制成的书页中。这就是我们得以看到的宝贵的化石。

地质学家、生物学家、考古学家，以及满怀好奇的“化石猎人”们都在到处寻找化石。最后，地质学家们按照生物演化的过程，排列出化石的时间顺序，从而判断出化石所在地层的年代。比如说，恐龙生活在中生代，那么，埋藏着恐龙化石的地层，一定是中生代“三叠纪”或者是“侏罗纪”的地层；三叶虫大部分生活在“寒武纪”，找到三叶虫化石的地方一定是“寒武纪”的地层。而“超微化石”单细胞生物出现在大约35亿年前，那么，上面出现这种单细胞生物的那块石头，就可能有35亿年了。

反过来，随着现代技术的进步，人们也可以利用放射性同位素等手段，先测定出岩石地层的年代，这样就可以断定埋藏在相应岩石地层里的化石所处的地质年代，也就是化石的年纪。再用测定后的标准化石样本，去鉴

定其他地方地层的地质年代，同时，
也能给在不同地方发现的化石排列出它们的“年纪”。

这样，科学家们就可以比较准确地解读出地球的基本历史了！

化石绝大部分保存在沉积地层里。在火山喷出的滚烫岩浆里是不可能保存化石的。个别原岩显示沉积岩的变质岩中也可能存在一些化石的痕迹。据统计，到现在为止，人们发现的化石种类已经超过了百万。这些化石种类代表着至少几十万个生物种群。但是这也只是地球生命的冰山一角。因为只有很少的生物有机会成为化石，而人们推算，地球上出现过的生物种群总数有 5 亿种之多!

已经发现的化石种类，只占这些生物种群总数的很小一部分。所以，即使有化石作为证据，我们所能知道的，仅仅是地球生物生存活动的大体情况。我们也永远不可能复原地球原始状况的全貌！

生物的进化是不可逆转的。已经发现的形成最早的化石出现在 35 亿年前，也就是我们所比喻过的、把地球压缩成一年时间里的 4 月底。

已经发现的最大的化石是大型蜥脚类恐龙，最小的化石是单细胞球藻。

已经发现的数量最多的化石是细菌、藻类等微体生物，有时候，在每立方米的岩层中，可以找到几百亿个它们的遗迹。

已经发现的数量最多的动物化石是海绵动物，而最少的动物化石是谁呢？

是我们人类！

所以，人类到底是怎么来的，就成了一个非常有意思的问题！很多人都希望能够找到答案。

你肯定也是其中一个！

04
应该知道魏格纳

我们还在上小学时，老师们就用哥白尼、伽利略、牛顿的故事鼓励过我们，并且提醒我们：伟大的发现都是通过观察和思考获得的，而这种观察和思考往往都是从身边的一些小事开始的。

1911 年 1 月，一位叫作魏格纳的年轻人面对着地图，思考着一些看似矛盾的问题：为什么靠近赤道的非洲会有冰川的遗迹？为什么靠近北极的斯匹次卑尔根会有热带植物的化石？为什么大西洋两岸的大陆边缘会那样地吻合？他不禁产生了一些奇思妙想。经过几个月的思考，魏格纳认定：地球上的大陆曾经由南向北移动，并聚集成了一个超级古大陆；这个超级古大陆后来又分散开，经过几亿年的变化，才成为现在的格局。

经过 10 年的野外考察和认真思考，魏格纳进一步指出：在地质时代，

2亿年前
劳亚大陆
赤道
古大西洲
古地中海
古太平洋
冈瓦纳大陆
1.35亿年前
北美洲
欧洲
亚洲
赤道
非洲
南美洲
印度大陆
古印度洋
大洋洲
澳大利亚
南极洲
0.65亿年前
北美洲
欧洲
亚洲
赤道
非洲
南美洲
大洋洲
南极洲
现在
北美洲
欧洲
亚洲
赤道
非洲
南美洲
大洋洲
南极洲
海陆的起源

各个大陆曾经像一幅拼图一样联合在一起。地球的表面，曾经是一个超级古陆——“泛大陆”，以及一个超级海洋——“泛大洋”。后来，这块巨大的超级古陆裂开，分成一些大小不一的碎块，最后漂移成现在的几个大陆。“泛大洋”也被分割成现在的几大洋。当这些板块在漂移中相互碰撞时，会造成火山和地震，使高山隆起、地壳下陷。板块的边缘就会形成地面山脉、海底山脊、大洋海沟和地球表面巨大的峡谷。这就是“大陆漂移”“板块构造”理论的基础。

后来，科学家们也证实，发生于晚“古生代”的“海西运动”和后来的其他运动，不断地改变着地球，在距今2.52亿年到6600万年的“中生代”，

>> 曾经的地球：一半是陆地，一半是海洋

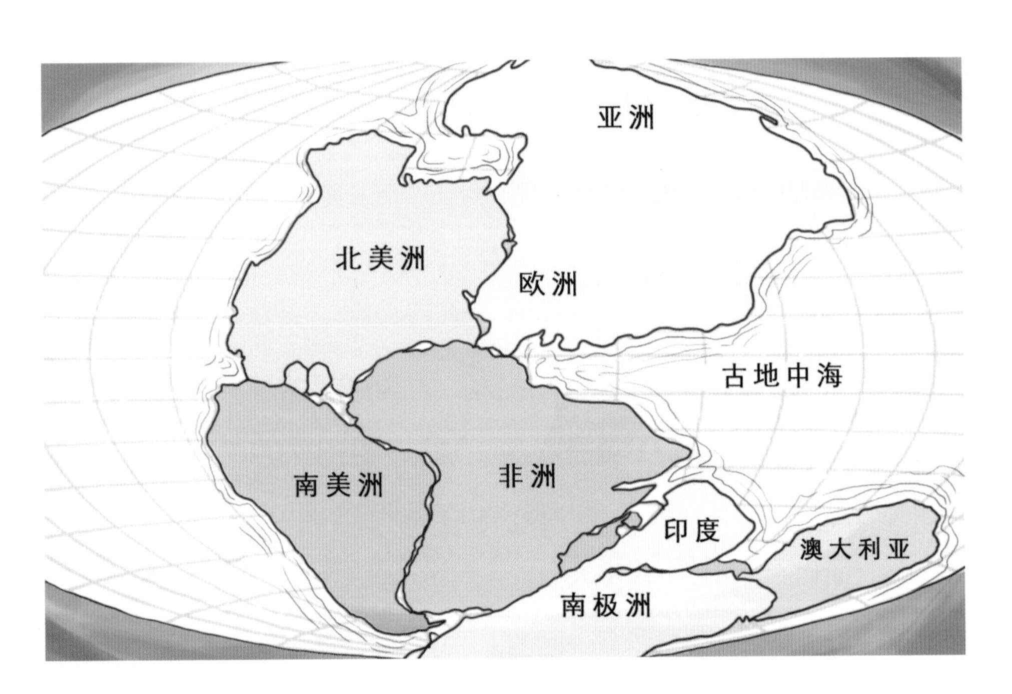

地球上的联合大陆最终形成并开始解体，所以，现在地球表面60%的状况，都是在大约2亿年前开始形成的。这2亿年，还不到地球历史的二十分之一。“大陆漂移”“板块构造”理论解释了这个现象，魏格纳是这套理论的创始人。

魏格纳为了进一步证实自己的理论，付出了生命的代价。1930年11月，北极已是冬季，被地球上最大冰盖覆盖着的格陵兰岛进入了漫长黑暗的极夜。极夜里，一旦出现暴风雪，任何生命都难以幸免。作为科学探险队队长的魏格纳和他的一位同伴，结束了在格陵兰冰盖中心的科学观测站的工作以后，在返回距离海岸380千米的基地途中不幸去世，他的同伴后来也在暴风雪里失踪。那年，魏格纳刚满50岁。

小贴士

格陵兰岛是世界上最大的岛屿，位于北美洲的东北部，在北冰洋和大西洋之间，五分之四处于北极圈内。格陵兰岛全岛面积约218万平方千米。除了南部沿海有一些裸露的岩石，格陵兰岛被一整块巨大的冰盖覆盖，冰盖平均厚度1500米，最厚的地方接近3000米。这块冰盖如果融化，全球的海平面要上升6米。格陵兰岛是一个古老的地块，在2亿多年前的中生代中期，随着联合古陆的解体，从赤道附近漂移到了现在的位置。

>> 1930 年 11 月，魏格纳把自己的生命永远留在了格陵兰岛的冰盖腹地。那年，他刚满 50 岁

这个故事虽然有些沉重，但是魏格纳创立的理论被后来的科学家们证实了，并被归纳成“大陆漂移说”，成为了解地球和生物圈发展的基础。

按照魏格纳的理论，在漫长的地质年代，各个板块在拼合、分离、漂移、穿插的过程中，会产生碰撞，会造成火山和地震，使高山隆起、地壳下陷。移动着的板块，有的会离得更远，有的会靠得更近，甚至发生碰撞、堆积。板块的结合部就会形成地面山脉、海底山脊、大洋海沟和地球表面巨大的峡谷。而且，这些现象伴随了从“太古宙”到“显生宙”“新生代”的全部时期。

这个学说听起来好像不可思议。但是，我们一定要承认，地球是个生命体，它时时刻刻都在运动。在“太古宙”的早期，慢慢变硬的地壳已经比较完整地覆盖在地幔上。地球的成长使地壳加厚。“古生代”的时候，地壳已经比较完整地包在了地幔上面，但地壳并不像蛋壳那样，是一个完全统一的整体，把蛋黄和蛋清都封闭在内部。刚性的地壳是和柔性的地壳交织在一起，形成了不同的板块。实际上，大陆和海洋都是躺在一些厚达 100 多千米的巨大岩石板块上的。这些板块浮在地幔滚烫的熔岩上。板块间有无数的裂隙，熔岩可以向上蔓延。地壳自身也在活动。来自地球内部的力量使板块移动，并不断地变化。地壳有时在进行着升降运动，有时又进行着水平运动，更多的时候两种运动同时在进行。

科学家们证实：使地壳板块移动的动力，是“海底扩张”。科学家们发现，沿着大西洋的中间，有一条几乎纵贯了南、北两极的海底裂谷，弯弯曲曲地与两侧大陆平行延伸，长度达到 6500 千米。裂谷的两边，是高出海底 2000 米到 3000 米的山脉。山脉的底部，是从裂谷涌出的软流圈岩浆冷却后形成的玄武岩。软流圈岩浆涌出的时间是连续的。直到近代，来自软流圈的岩浆还在不断地涌出，并把裂谷两边的地层向相反的方向推开。在太平洋的中间，也有一条这样的海底裂谷，即著名的太平洋中脊。被海底裂谷涌出的岩浆推开的地层，以每年 2.5 厘米的速度进行着水平移动。这个速度和我们手指甲的生长速度差不多，我们根本感觉不到。但时间可以改变一切。按照这个速度，只需要 2 亿多年，美洲大陆就可以“跨过”

大西洋，再一次和欧洲大陆以及非洲大陆连在一起。当然，我们知道这些不过是理论上的，因为太平洋洋壳还在不断地向下俯冲，且俯冲的速度要大于扩张的速度。因此，实际情况是太平洋在逐步缩小，大西洋在逐步拓宽。

看一下地球仪，你就会发现，南、北美洲的东侧和欧洲、非洲的西侧确实都有形状相似、基本可以拼合的海岸线。

你可以试着证实魏格纳的理论。拿起一张报纸，随便把它撕开，再把被撕开的两张报纸平移。你看看，报纸被撕开的边缘是不是非常吻合，就像地图上大西洋两岸的大陆一样。

你还可以做一个实验，用一个大汤盆，把你家早餐的稀粥倒进去。等粥凉了以后，你再拿几块饼干，掰开，平放在粥面上。用筷子扒拉那些饼干片，把它们分开、连接，连接又分开。你就像造物主一样，演绎着地壳变化的故事。这就是“大陆漂移”和“板块构造”理论的模型。

科学家们把“大陆漂移”“海底扩张”“板块构造”三个现象，称为地壳运动不可分割的“三部曲”。

而造成这些现象的自然力量就叫作地质作用。地质作用分外力作用和内力作用。内力作用主要表现为地壳、岩浆活动和变质作用；地球表面的风、流水、冰川、生物等可以引起地表形态的变化，它们统称为外力作用，外力作用表现为风化作用、侵蚀作用、搬运作用和堆积作用。地质作用使组成地球的物质变化、重组，使地壳的内部构造和地表形态不断地改变。同时，也为生命的出现和进化提供了条件。

要看看地球的过去，必须要了解这套理论！

也应该知道和纪念魏格纳！

小贴士

科学上，一种理论的提出和验证，往往需要很多年，甚至几代人。但是“海底扩张说”的提出和验证几乎是同时进行的。1961 年，美国普林斯顿大学地质系主任赫斯与美国海岸和大地测量局的地质工程师迪茨，首次提出了“海底扩张说”的假设。1925—1927 年间，德国“流星”号考察船考察南大西洋，首次揭示了洋底地形的起伏不亚于陆地。1953 年以来，人们使用回声测深仪描绘了越来越多的洋底地形。1967—1969 年，大西洋、太平洋和印度洋的立体地貌图相继问世。进入 80 年代以后，卫星、遥感、计算机技术印证了之前的成果。

地球的各大洋洋底有高耸的海山、起伏的海丘、绵长的海岭、深邃的海沟，也有坦荡的深海平原。纵贯太平洋、大西洋、印度洋三个大洋中部的大洋中脊，绵延 8 万多千米，宽数百至数千千米，总面积堪与全球陆地面积相比，长度和广度为陆上任何山系所不及。位于太平洋马里亚纳海沟的大洋最深点 11034 米，深度超过了陆上最高峰珠穆朗玛峰的海拔 8848.86 米。太平洋中部夏威夷岛上的冒纳罗亚火山，海拔 4170 米，而岛屿附近的洋底深五六千米。冒纳罗亚火山实际上是一座从洋底拔起、高约万米的山体。在几大洋的中脊，延绵几万千米的海沟里，有沿着海沟水平方向连续激烈喷发的火山活动，所以，“海底扩张说”很快被人们接受。

更重要的是，你完全可以像这些伟大的科学家一样，应用你的知识，对你身边的事物进行细心的观察和思考。说不定将来有一天，你也可能发现某种理论，或者发现某种大家都不知道的东西！

05
“乐高拼图”

我们原来以为，地面上的那些高山、丘陵，以及一层一层的岩石都是完整的。其实不是！经过了漫长的历史岁月，各种地质作用产生的巨大力量，已经使地层发生了弯曲、分解、断裂、破碎。此外，还有地下岩浆的涌出、天外陨石的坠落，我们所能看到的，实际上是已经面目全非又支离破碎的各种岩石的堆积，就像一堆乐高积木方块一样。

你的家里也许有过一些乐高积木方块，你也可能帮助孩子们拼装过这些玩具。

每一组乐高玩具，都有一张设计图。这张设计图会详细地告诉你怎样把那些各种颜色、大小不一、形状不一的小方块拼装起来，最后成为一辆消防车、一座城堡，甚至一艘太空船、一个侏罗纪世界！

你只要按照设计图来做，你的乐高作品就很容易完成!

地质学家们也需要这样做! 他们也需要玩乐高拼图。不过，他们可没有一张设计图! 他们要做的事情正好相反：他们需要把那些分散在地球各处、各种形状、大大小小、不同类型、不同时代的岩石拼装起来，恢复成地层最初的样子。就像给你一堆乐高积木方块，需要你用这些方块来恢复成一张设计图一样——这件事情非常重要！ 因为人们需要对地球、对宇宙有更多的了解，需要在地下找到有用的矿藏，就一定要搞清岩石的状况，就一定需要一张这样的设计图!

这可是一件非常不容易的事！

但是地质学家们还是一步步地做到了!

地质学家根据化石，判断出不同时期岩石的时间顺序、空间形态，以及当时的大气环境。当然，地质学家们也常常先用岩石地层来测定地层年

>> 地下岩浆涌出，天外陨石坠落。初生的地球经受着痛苦的磨难

龄，定义出化石的年纪，再用出现的化石生物的生存状态来比对，推测当时的生态环境。这样，他们知道了以下的事实：

有海生动物和海生植物化石的地方，从前是海洋；有淡水生物化石的地方，从前是湖泊或河流；发现已经硅化的树木和灭绝了的动物化石的地方，从前是森林；留下了巨大漂砾，即从远处搬运来的岩石的地方，一定有冰川光临过；出现了玄武岩的地方，曾有岩浆溢出地表；看到花岗岩，就知道它们是来自地球的深处；根据沉积地层反复出现的次数，可以推断出海洋或者湖泊出现的次数和大体时间；根据生物进化的过程，可以知道岩石形成的年代！即使是花岗岩，也可以通过花岗岩中的锆石进行同位素测年，或者根据和花岗岩相邻的沉积岩的时代，推测花岗岩形成的时期。这就像根据树木的年轮，推断出树木的年龄一样！

正是根据这些现象，人们才能推断出地球的过去，才能知道不同的时期有什么不同的地层和岩石，在这些不同的地层和岩石当中会蕴藏着怎样的矿产！因为，矿产的分布是有规律的。不同的地质时期，不同的岩层，岩层之间不同的接触方式，都会出现不同的矿藏！例如，在曾经是海底的地方，我们可能找到盐；在花岗岩和某些地层的接触带上，我们可能找到金属；在一些地质年代的沉积地层中，我们可以发现煤、石油；在一些经过变质挤压、又处在深大断裂的特殊地层里，我们可能有幸找到宝石、玉石；而在火山通道的内壁，我们有希望发现金刚石……

从 17 世纪开始，人们就在努力为地球的历史建立档案，用不同的名称来标志地球不同的时代。直到 1913 年，一位叫霍尔姆斯的年轻地质学家，根据化石记录，绘出了有同位素年龄数据的第一张地质年代表。后来，人

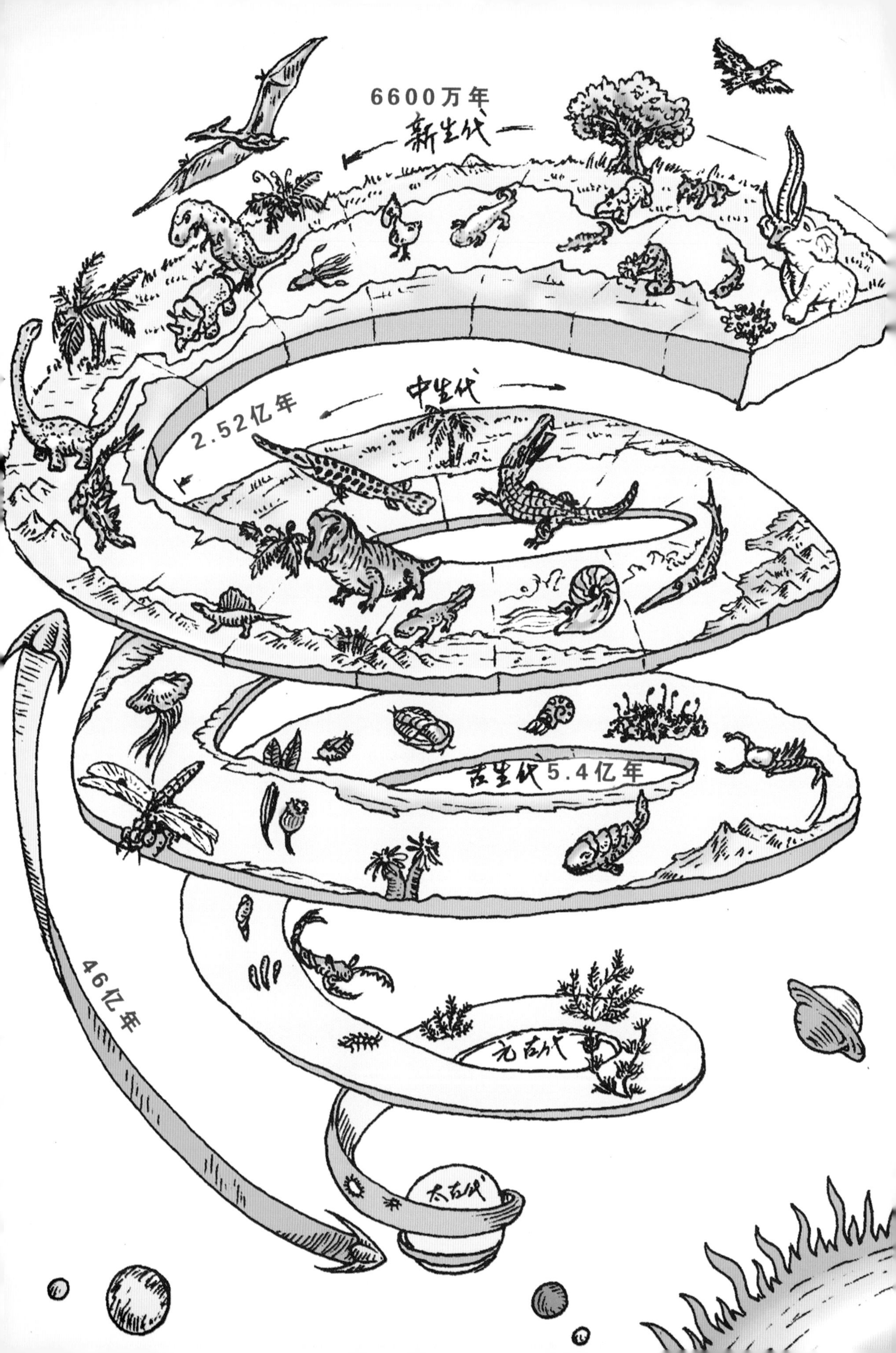
6600万年
新生代
中生代
2.52亿年
古生代5.4亿年
46亿年
元古代
太古代

们有了更多的研究成果，又修正、形成了目前世界通用的地质年代表。这张地质年代表就像人的履历一样，帮助我们认识地球成长的整个过程，同时，也描绘出了生命演化的基本轨迹。

看到这里，也许，你也希望自己成为一名地质学家！至少，希望自己多掌握一些地质知识。

06
揭开地球秘密的人

地球成长到了近代，“人”进化以后，按照活动的地域、生活的族群、分化的种类等等因素，组成了不同的“国家”。“国家”的存在，只有几千年的历史，和生物进化、地壳演化的历史相比，完全可以忽略不计。但是，“人”的活动，却使地球发生了巨大的变化，至少，地球表面的一些地区，因为人的活动而改变了面貌。“人”的聪明，使他们了解了地球成长的许多秘密，并把地球46亿年孕育的许多东西开发成财富，用来帮助“国家”的发展，而“人”也在发展中继续演化。

伴随着演化，“人”对自己脚下的土地一直怀着浓厚的兴趣，总想对它有更多的了解。直到500多年前，标志着科学与文化转折点的欧洲“文艺复兴”出现，关于地球问题的岩石学、矿物学、古生物学、地层学、冰川学、大地构造学、地球化学等学科逐渐诞生，“人”对地球的秘密才开始有了更加科学的解释。

1815年，世界上第一张地质图被绘制出来。

1830年，一位叫莱伊尔的30多岁小伙子，出版了《地质学原理》，标志着现代地质学的正式诞生。莱伊尔的学说虽然产生在将近200年前，现在仍然是地质科学的基础。

1831年，同样是小伙子的达尔文，带上《地质学原理》，开始了他历时5年的环球旅行。那年，达尔文才22岁。

1859年，达尔文出版了《物种起源》。这本书奠定了进化论的基础。

18世纪以后，科学伴随着探险，使更多的人走向世界。地质学家就是一批想揭开地球秘密的人。

地质学作为一门综合科学，包含了许多分支学科。这些学科在地质工作的实践中不断地产生、补充和完善起来。地质学的主要分支学科有矿物结晶学、矿物学、岩石学、地层学、地球化学、地质力学、构造地质学、区域地质学、地震地质学、动力地质学、古生物学、地质历史学、矿床学、板块构造学、水文地质学、地热学、石油地质学、工程地质学、海洋地质学、矿山地质学、环境地质学、找矿勘探学、太空地质学等。其中的一些学科，建立的时间不过几十年，甚至十几年。而作为一名地质工作者，必须全面地掌握这些学科知识。虽然地质学还是一门年轻的科学，但是，这门科学却帮助人们了解了地球，了解了我们脚下的世界，初步开发了地球46亿年积累起来的财富。

人们依靠地质学，更多地发现了地下的宝藏，带动了工业文明的进步，

地质学原理

在不断积累财富的同时，也在不断地更新和积累着知识。

那么，地质学家是如何寻找地下宝藏的呢？这个过程，就如同拼装乐高拼图。我们知道，矿藏和化石存在于不同的岩石和地层中，这些岩石和地层，从高到低被分为“群”“组”“段”“层”。

“群”是地层岩石的单位，就如同乐高的一块块积木方块。好几层时代不同而又相互叠加连在一起的岩石，构成了一套套的地层组合，这种地层组合被称为“群”。“群”的下面，又分为“组”。科学家们用“群”出现地方的地名为“群”命名，比如加拿大的“拉布拉多群”，美国的“阿巴拉契亚伯明翰群”，中国的“昆阳群”“哀牢山群”，等等。“拉布拉多群”是指在加拿大的拉布拉多地区出现的一套地层，“阿巴拉契亚伯明翰群”是指在美国的阿巴拉契亚伯明翰地区出现的一套地层，“昆阳群”是指在云南中部和北部为主的地区出现的一套地层，“哀牢山群”则是在云南哀牢山山脉出现的一套地层。

因为“群”是用地名命名的，所以在地球的不同地方，同样类型的一套地层，“群”的命名并不一样。但只要地层类型相同，就可以根据另一个地方“群”的地层类型和地层时代，来确定这个地方的地层类型和地层时代。这样就可以知道，这些名称不同的“群”，其地层类型和地层时代其实是相同的。

“群”很重要，有用的矿产就潜藏在“群”里。虽然地质构造不一样，“群”也不同，但是，矿藏分布是有一定规律的。“群”分布的地点不同，但只要“群”的类型相同，“群”里就可能潜藏着相同的矿藏。

所以说，如果你想要找到某一种矿藏，你就必须先找到可能蕴藏着这种矿藏的岩石，以及包含着这种岩石的“群”！

>> 要成为一名地质学家，需要掌握的知识很多

小贴士

1876 年，以美国地质学家 J. 霍尔为主席的创立委员会，在美国发起、创立了国际地质大会。大会由各国地质机构和学术团体组成，是国际地质界的权威组织。1878 年，在巴黎召开了第一次国际地质大会。以后每四年召开一次。1910 年到 1948 年的历次大会，中国都派有代表参加，后来中断了，直到 1976 年的第二十五届国际地质大会，才恢复参加活动。中国于 1996 年成功举办了第 30 届国际地质大会，一位中国的地质学家担任了主席。

比如说，“昆阳群”形成于“元古代”的中期，集中分布在云南的两个地区：一个是武定向南，经昆明、玉溪到元江、石屏的区域，该区域南北长 230 千米，宽度从北到南，从 20 千米扩大到 100 多千米；另一个在东川，南北长 50 千米，东西宽 70 千米。另外，在曲靖地区还有零星的“昆阳群”露出地表。“昆阳群”的地层主要是板岩、砂岩、火山碎屑岩、角砾岩。这些生疏的名字，其实是指它们形成的岩石形态或者岩石成分。“板岩”使人联想到木板，厚厚的，纤维很平整；“砂岩”是沙粒固结而成的岩石；“火山碎屑”比较好理解，是火山岩石破碎后固结而成的岩石；“角砾”的形状不规整，大小也不相同，它们是破碎的岩石，没有经过进一步的风化和打磨，就胶结压固而成了岩石。这套“昆阳群”地层颜色多为棕黄色、黑色，也有绿色。“昆阳群”孕育了丰富的铜、铁、磷等矿产。

同样的道理，生成于“前寒武纪”的“拉布拉多群”，产出具有世界意义的萨德伯里铜镍矿床，以及极其丰富的铁、金、铂、镍、铜、铅、锌、银等金属矿产。“阿巴拉契亚伯明翰群”生成于“前寒武纪”古老岩石的基底上，覆盖有“古生代”的沉积。在大平原上还广泛覆盖有“中生代”和“新生代”早期的岩层，有丰富的煤、石油和天然气以及赤铁矿。

当然，比起我们已经掌握了的，现在地球上我们依然未知的东西要多得多。有的科学家认为，人类至今对地球的了解，最多只有全部真相的百分之五！因此，我们脚下的秘密，以及更多的资源和财富，促使我们的探索永远也不停歇。

07
“冥古宙”：一颗新星的诞生

人们最想搞清楚的问题之一，就是宇宙和星空是怎么来的。这个问题比较一致的答案就是宇宙大爆炸。

你听说过“哈勃定理”吗？1929 年，一位名叫哈勃的科学家发现：太空中的星系，正在以极快的速度远离地球，而且距离地球越远的星系，飞离地球的速度越快。这就是“哈勃定理”。哈勃定理证实了宇宙还在不断地膨胀，从而为宇宙大爆炸理论提供了依据。

经过一系列复杂的演算，大爆炸和宇宙膨胀学说认为：大约 137 亿年前，一个“奇点”在“一瞬间”发生了大爆炸。于是产生了时间、空间和万物，甚至后来的我们——人类。那个“奇点”就是一切的开始。

这简直不可思议！什么是“奇点”？“一瞬间”又有多长？

“大爆炸和宇宙膨胀”是不是有点像节日里人们燃放的爆竹？“嘭”的一声，小小的爆竹在天空炸开，散开成五光十色的礼花。

这些问题，在将来的某个时间，人类也许会有更加清晰的认识。而在目前，大爆炸和宇宙膨胀理论还是科学家们的主流认知。

大爆炸后，宇宙弥漫着大大小小的星云。大约在50亿年前，一团星云在引力的作用下逐渐聚积，体积缩小，密度增加，温度升高，这激发了核聚变反应。于是，一颗叫作太阳的恒星诞生了。在这颗恒星的周围，还环绕着一圈密密的尘埃和星云。在引力的作用下，这些尘埃和星云不断聚积，最终形成了围绕太阳旋转的8颗大行星，地球就是其中的一颗。在这8颗行星运行的广袤空间里，还环绕着数不清的矮行星、小行星以及彗星等天体。

大约46亿年前，一颗与火星大小相当的行星和初生的地球相撞。这颗行星的含铁内核嵌入了地球，而其他碎块则溅入太空。这些溅入太空的碎块在引力的作用下又聚集，最终形成地球的卫星——月球。

也有科学家认为，在距离太阳1.5亿千米的轨道上，由旋转的星云凝结成了大小不等的两颗星球，其中小星球在大星球的引力作用下围绕其运转。这两颗一大一小的星球，就是地球和月球。

不管怎样，月球从诞生到变成我们今天看到的样子，大约用了10亿年。

你也许会问：如果太阳系的其他行星也碰到了类似的情况，也有行星和它们相撞，会不会产生同样的情况？也会形成它们的卫星吗？

我想是的。实际上，在太阳系的8大行星旁，有175颗之多的卫星。卫星最多的是木星，有69颗；最少的是我们的地球，只有一颗。离太阳

>> 大约 50 亿年前，太阳和它的 8 颗行星逐渐形成

>> 一个天体的碰撞，导致了月球的诞生

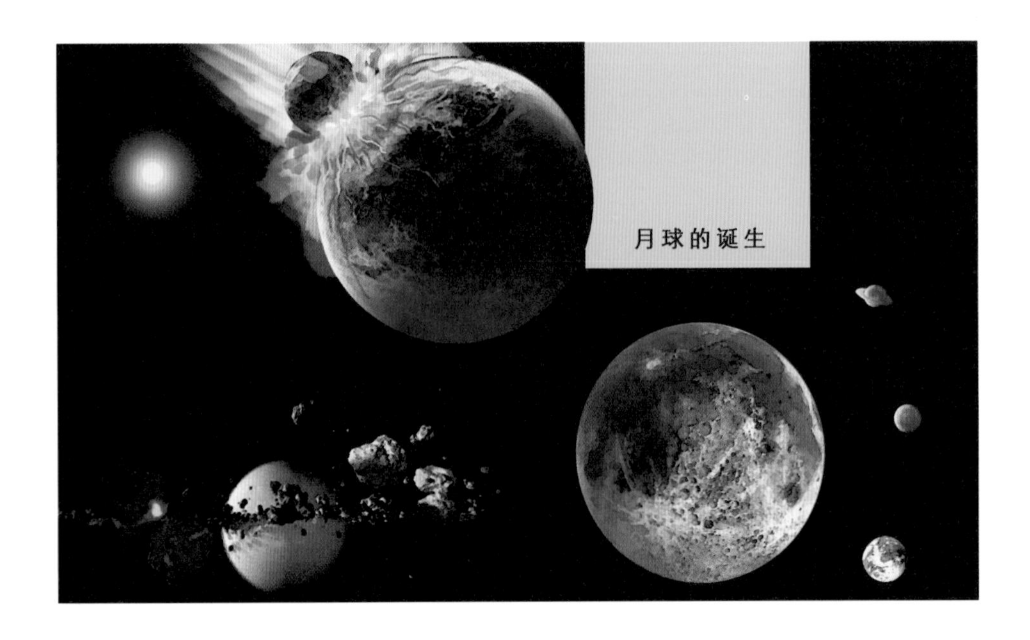

>> 经过了大约 6 亿年，地球上“炼狱”的烈火才慢慢熄灭

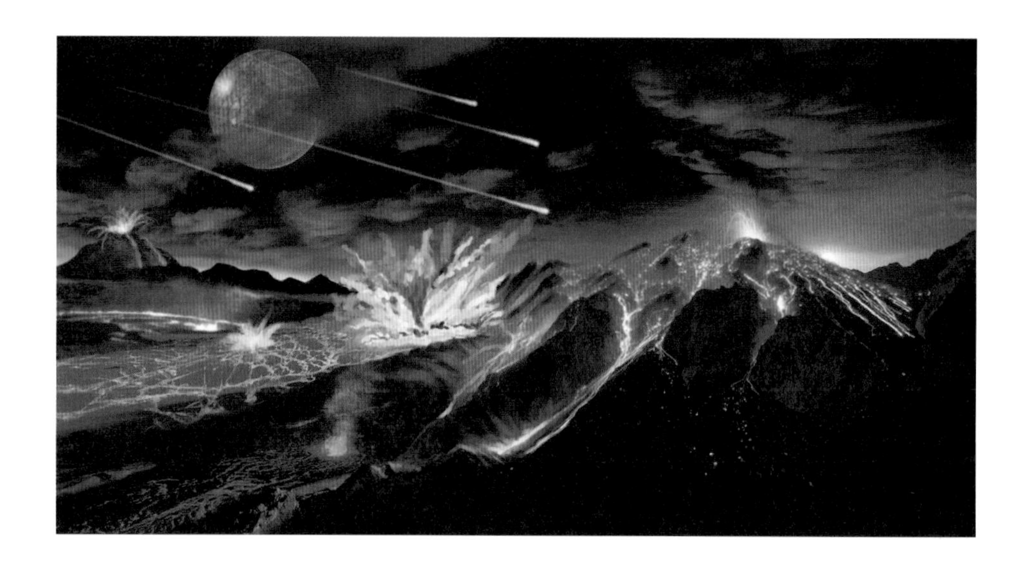

>> 穿越到 40 多亿年前，地球完全认不出自己当初的模样

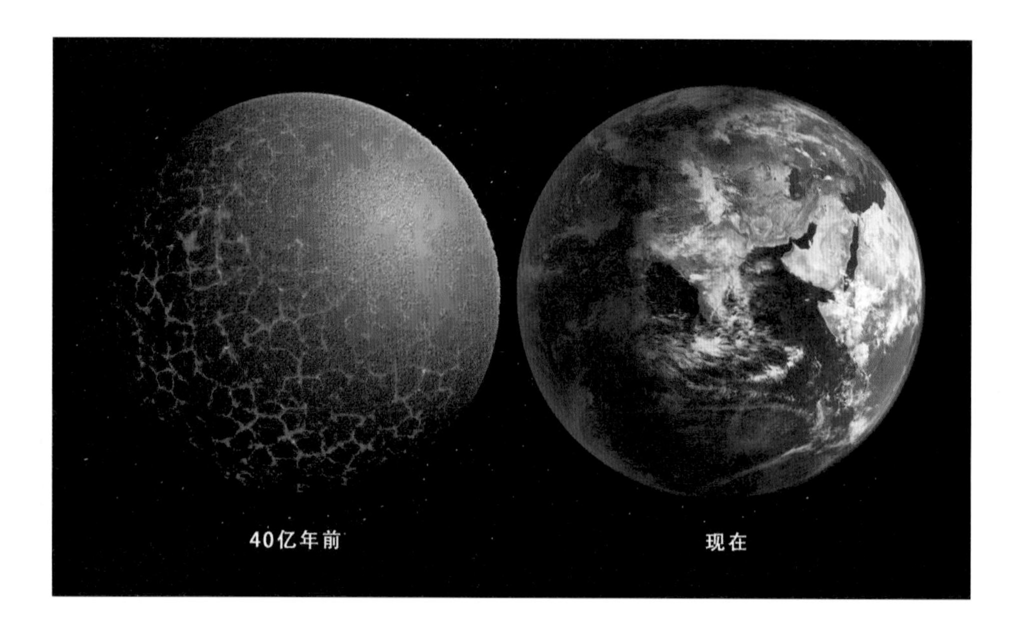

最近的水星和金星则没有卫星。这是为什么呢？这个问题还是留给天文学家们去解答吧！

刚诞生时的地球就像一个大熔炉：火山喷发的巨大爆炸声响彻四方，熔岩到处奔涌；来自太空的陨石不断地呼啸砸落，溅起的岩浆像血液一样漫天飞溅。

如果你穿越到那个时空，看当时的地球，你看到的一定不是一颗蓝色安详的星球，很可能是一个伤痕累累的暗红色星体。

直到6亿年后，也就是“冥古宙”晚期，地球经历的初生痛苦才慢慢结束。来自太空的陨石撞击基本消停，地球表面慢慢冷却，沸腾万里的熔岩逐渐凝固。地球的外壳变成了一个好像还没有完全钙化的软蛋壳，渐渐地，这层软蛋壳慢慢变硬，成为地壳。

这就是你穿越到40亿年前，在“冥古宙”地外空间所看到的画面。

6亿年的时间长度，也就相当于我们所比喻过的把地球压缩成一年时间里的48天，即从1月1日到2月17日。紧接着，“太古宙”来了。

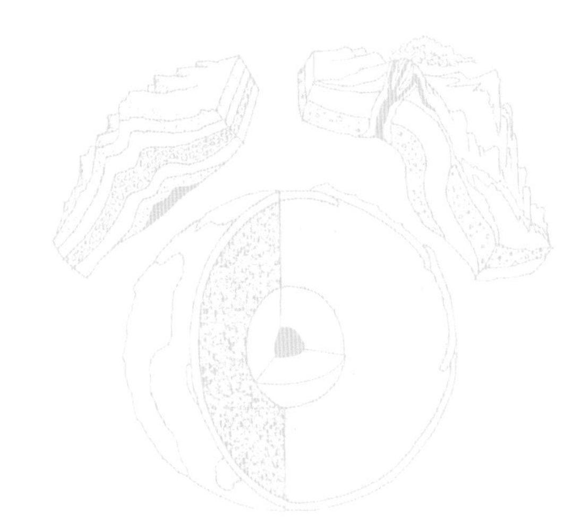

08
给地球做B超

我们都很想知道地球的内部是什么。曾经有人认为地球的内部是石头，有人认为是滚烫的岩浆，还有人认为是一块铁，更有人认为，地球的内部是地狱——就像那些童话故事里写的那样。你可能也曾这样相信过吧?

当然，现代科学告诉你：这些都不对!

实际上，同我们人类及其他动植物一样，地球也有一个出生、长大的过程。在“冥古宙”时期，经过了大约6亿年的初生阶段，火热的地球上，融化了的岩石使地表成为一个岩浆的海洋。初期质地均匀的物质，在按物理、化学的不同性质分化和引力的作用下，巨大的热量以及密度、比重大的铁、镍一起汇集到地球的核心，形成了地核。而密度和比重比较小的硅酸盐，则停留在浅层，人们称为地幔。地幔的上面，就是薄薄的、慢慢硬化的地壳。

我们可以用做“B 超”的方式来探测地球内部。当然了，和人类检查身体用 B 型超声波不同，给地球做“B 超”是人为制造地震，向地下发送地震波，再根据地震波反馈到地面的信息来推断地球内部的情况。用这种“B超”观察到的地球内部，好像一个洋葱，也有许多层。

这种“B 超”，能看到地球的深处吗?

还真能。而且科学家们还为这些不同的层分别命了名，由内向外依次是：地核、地幔、软流圈、地壳。

更细致的，还测出了地核可以分为两部分：一部分是完全由铁元素组成的内核，另一部分则是由镍、硅、硫这些熔点较低的元素组成的液态外核。这样一分，地球的内部就有 5 层 ：地核内核、地核外核、地幔、软流圈和地壳。地壳外面有地表的水圈和大气层。

这样，这个大洋葱共有 7 层。

当然，这些层与层之间，并不像洋葱那样界线分明，而是相互之间有过渡、有交融。

我们知道，地球的平均半径是 6371 千米。通过地震波测定，地核的半径大约是 3480 千米，地幔的厚度大约是 2800 千米，软流圈的厚度为 50 ~ 120 千米；最外层，由软流圈托起的地壳，平均厚度大约 33 千米。

说是软流圈，其性格可不软。它通过各种地质作用，把地球深部的巨大能量从内部带给地壳；同时，呼应着它之外、来自于地球表面和太空的各种力量，造就和改变着地壳，促使地球 46 亿年从“内芯”到“面貌”的不断成长。

>> 像洋葱一样，地球也有一层一层的结构

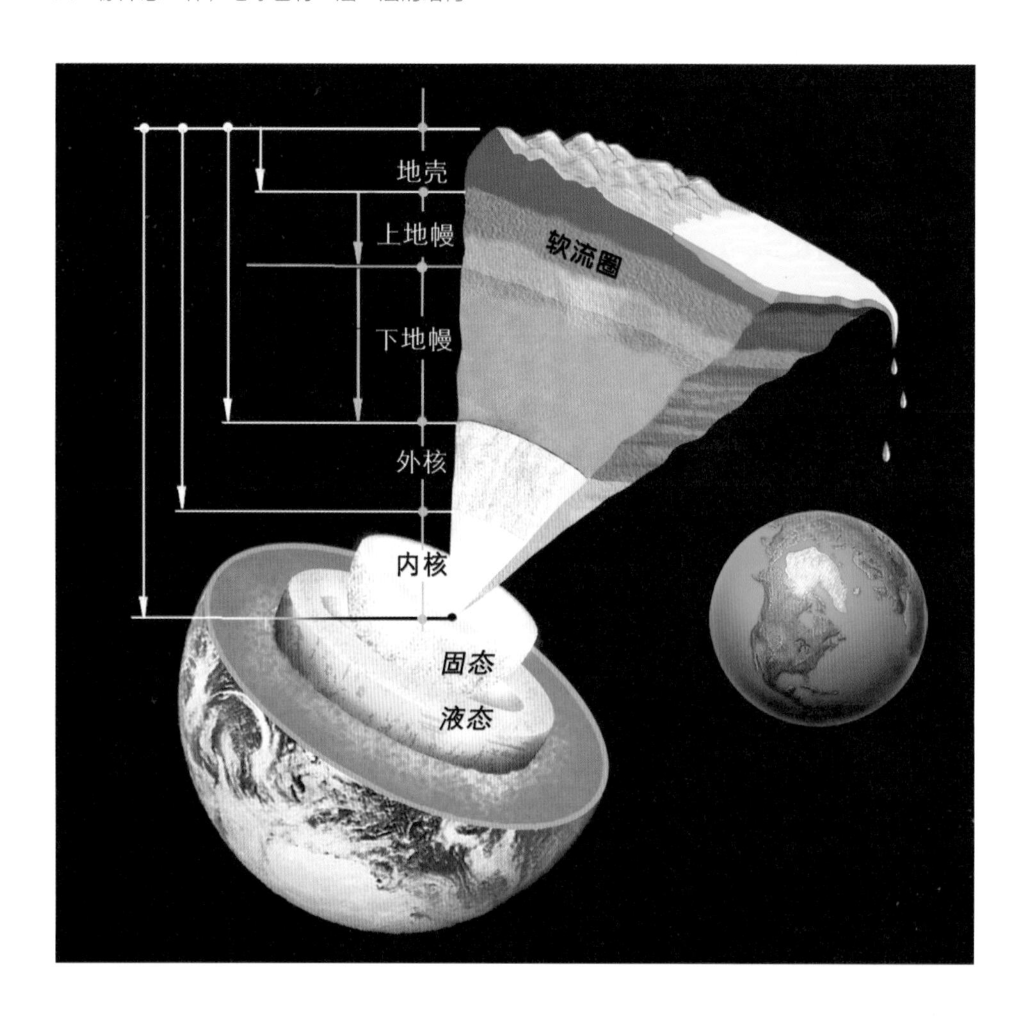

由各方力量造就、促成的地壳，由于各处厚度不同，表面凹凸不平。

设想一下，若能把海水抽干，我们看到的地球表面，就是连绵起伏的高山和深谷。从软流圈算起，虽然陆地部分的平均地壳厚度大约 33 千米，但那只是平均值。地壳最薄的地方厚度有 7 千米，最厚的地方则有 70 千米。

地壳最厚的地方，人们是这样唱的："那就是青藏高原！"它拥有地球的最高峰——珠穆朗玛峰。而地壳最薄的地方——马里亚纳海沟，就是地壳上一条深深的凹槽。我们再把海水灌回地球，马里亚纳海沟的沟底和海平面之间，距离有 11 千米，而沟底到地幔，只有 7 千米了。

尽管地壳有平均 33 千米的厚度，但和地球比，只是一层薄薄的壳，厚度仅是地球半径的二百分之一！比鸡蛋壳厚度与鸡蛋半径的比例还小。真害怕哪天天外飞来颗巨大的陨石，撞破这层"蛋壳"，打破了地球这只"鸡蛋"，让里面的"蛋白""蛋黄"横流，那样的话，地球就成"花蛋"了。

好在科学家们保证，这样的可能性只有几亿分之一！比中大乐透还难，所以，大家可以放心地球的慢慢演化！

09

自然的力量

在漫长的历史中，由于自然的力量、太阳的辐射、地球的自转、化学的作用，组成地球的物质在不断地变化、重组着；地壳的内部构造和地表形态也在不断地改变。这种自然的力量就叫地质作用。

强大的地质力量，像拉面皮一样，在不断改变着地壳的形状。

这些力量,促使地壳发生形状改变、位置转移、高度抬升或降低的运动，这些运动就叫“构造运动”，又叫“地壳运动”。构造运动使地壳发生褶皱、断裂。地壳隆起，形成山脉；地层断裂，形成深谷；地壳裂开，形成板块；而板块又不断地移动，分离或碰撞。这些运动时时刻刻都在改变着地球，推进着地球的变化、成长，生生不息。

因此，地球的发展史，说明了世间万事万物都是有其发展规律并相互关联的。虽然“人”自称万物之灵，但并不是无所不知、无所不能的。我们脚下的土地，就有太多的秘密等待着我们去解开。

地球是一个生命体，无时无刻不处于运动变化之中。

当然，这种“运动”是一种自然能力的体现，是一种规律。导致这些运动的就是地质作用，包括了“地壳运动”“构造运动”“造山运动”“板块运动”等等。

地质作用可以分为两大类：外力地质作用和内力地质作用。

外力地质作用主要是侵蚀作用、风化作用、搬运作用、堆积（沉积）作用等，主要在地表或者靠近地表的地壳浅部进行，有时也可能延伸到地

>> 地层像面团一样地被搓揉、挤压，形成了褶皱的山峰

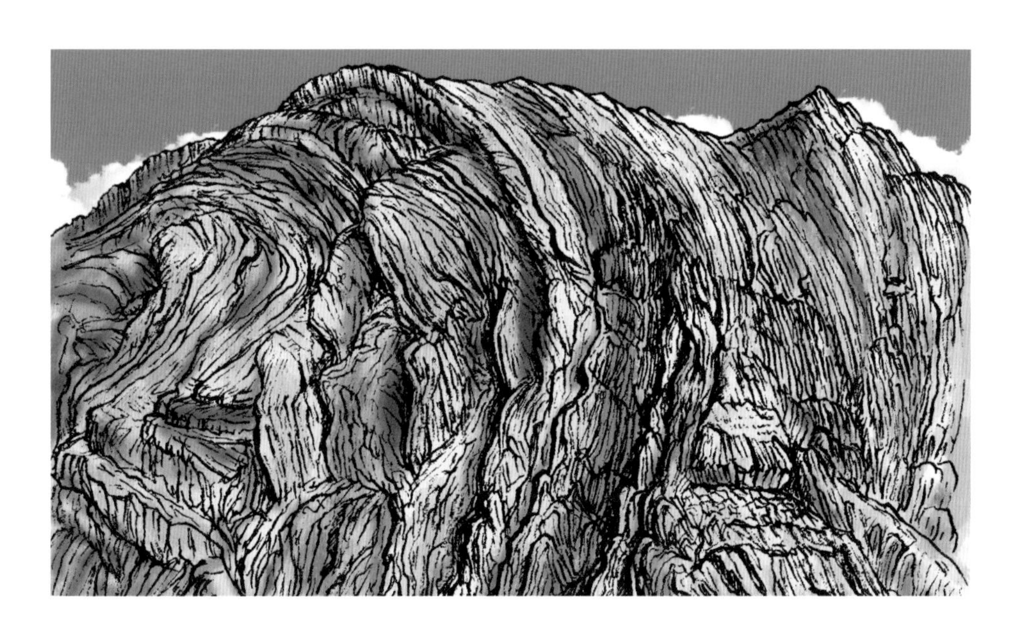

下，促使地表岩石的组成随之发生变化。外力地质作用同时还改变了地表的形态。

内力作用包括地壳运动、岩浆活动和变质作用等。多数在地下进行，但常常波及地表，这种作用使岩石圈分离、变位、漂移、融合、碰撞，使地层变形，大地构造格局因此发生重大变化。同时也促进化学元素的融合和矿物的形成。

这两种地质作用相对独立，又相互作用、相互配合。比如，内力地质作用形成高山和盆地，外力地质作用则把高山削矮，把盆地填平；一个地区的地层隆起来，相邻的地层常常会凹下去；高山上的岩石连带着其中的矿物被风化侵蚀而破碎，这些破碎了的残迹物质被搬运到另外的地方沉积下来，形成新的岩石，等等。地质作用就这样改变和重塑着地球。

小贴士

地质学家认为，由于地球内部热能的不均匀分布，引起了物质的对流运动，使岩石圈破裂成为板块。板块形成后继续运动，发生分离、碰撞。地幔中的熔融物质则沿着板块间的拉张断裂挤入，并向断裂两侧扩展，形成新的洋壳。而部分板块则随着载荷它的软流圈物质向下移动，消失于地幔。在这个过程中，地壳表层发生位置移动，出现断裂、褶皱，引起地震、岩浆活动和岩石变质等地质作用。远古时期，这些活动大部分都发生在海洋里。

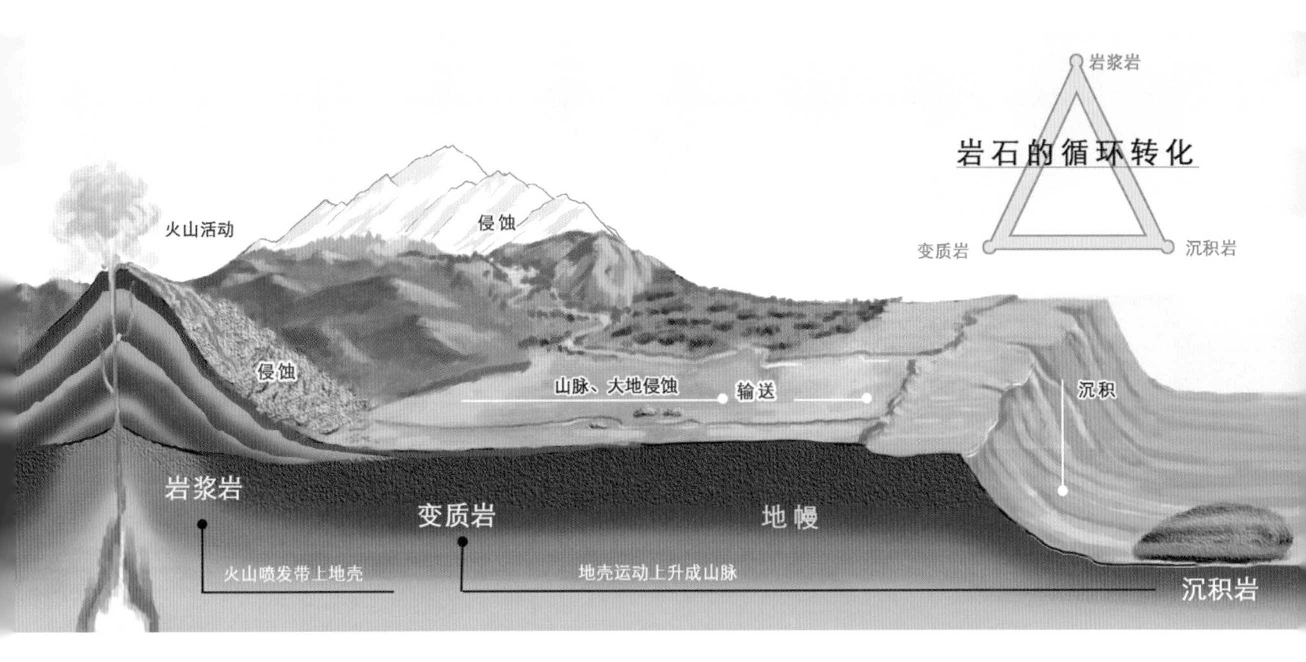

有些地质作用进行得十分迅速，如火山、地震、山崩、泥石流、洪水、海啸等，有些地质作用却进行得十分缓慢，以致“人”的感观难以觉察，但经过悠久岁月却能够造成巨大的地质后果，如大陆的漂移；矿产资源的形成，矿物的生长；沙漠变绿洲，绿洲变沙漠；大海浸泡了陆地，高山沉入了海洋，等等。从地球成长的角度看，地质作用是促进地球不断新陈代谢、弃旧更新的经久不衰的动力。

除此以外，生物的活动也会对地球的面貌产生影响，比如植物的生长、动物的活动，特别是动物中进化出来的“人”，通过对自然狂妄的“征服”和“挑战”，在一定程度上改变了地球。

第二辑

远古的准备

10

孙悟空七十二变

你可能注意到了：无论地球还是其他天体，植物抑或动物，都是有生命的。它们都有自己出生、成长、衰老、死亡及其进化的过程，就像我们人类一样。

看起来坚硬、不动的岩石，时时刻刻都在发生着变化。构成地壳的沉积岩、岩浆岩和变质岩，虽然是不同的类型，但它们之间总在相互转化，是一个循环往复的过程。

让我们来看看这些“孙悟空七十二变”：

地球表面松散的碎屑物、砾石、砂、黏土、灰泥、生物残骸和其他宇宙物质，在水体或者地面一层层堆积固结起来，成了沉积岩。很多沉积岩含有生物化石，可以顺层剥离。按照质量计算，沉积岩只占地壳的 5%，

小贴士

用哲学的观点来看，任何事物都有产生、发展、变化、衰老、灭亡的过程。而且，这些过程是不断地重复、循环着的，永无止境。人类的一些智者，把这种现象称为“轮回”。不管你理解不理解、喜欢不喜欢，“轮回”是一种自然规律。地质科学就是遵循这种自然规律来认识我们脚下的大地的。

但是，沉积岩覆盖于地壳表面，就像涂在面包上的黄油一样，薄薄的，分布却十分广泛。在大陆，沉积岩出露面积占大陆面积的75%。而大洋底，却几乎全都被新老沉积岩和一部分火成岩、变质岩覆盖。

地壳深处的岩浆缓慢上升，接近地表时，大股的岩浆形成巨大的深成岩体；小股的岩浆在地层里形成侵入岩脉、熔岩流，一部分岩浆喷出地面，通过火山在地表流淌。岩浆在冷却和凝结之后就形成岩浆岩，像我们可以看到的花岗岩和玄武岩。

地球的活动使一部分深埋的岩石上升，露出地表，在冰川、流水、风雨和生物的风化作用下，这些岩石破碎成颗粒。颗粒被冰川、流水和风雨搬运，逐渐在湖泊、沙漠、海洋等低洼处沉积，层层叠加，变成黏土岩和页岩等，这就是沉积岩。那些堆积在海陆之间大陆架的沉积岩，有些会被高密度的洋流通过海底峡谷搬运到更深的洋底，形成海底沉积岩。

在大规模的造山活动中，在高温高压的作用下，露出地表的沉积岩和岩浆岩就演变成了变质岩。最常见的变质岩有片麻岩、片岩、大理岩等。温度和压力进一步升高，岩石重新风化、破碎、熔化、分解，又开始进入下一轮新的循环。

地壳是由不同类型的岩石组成的，而我们脚下踩着的沙土泥石，也是来自不同的岩石，它们时时刻刻都在进行着风化—沉积—变质—熔化—再风化—再沉积—再变质—再熔化的“生命”循环。只要地球存在一天，这样的过程就一天不会停止。

11

岩石出现了

前面我们说过，“冥古宙”晚期，地球的温度逐渐下降，软流圈上面慢慢地形成了一个原始地壳。它们是未来大洋盆地的基础，称为大洋型地壳。

这些大洋型地壳里又出现了一些相对稳定的区域。区域里古老的岩石不断积聚，形成了地盾。地盾是地壳中最结实的部分，是大陆板块的核心。地盾比较稳定，造山运动、断裂活动和其他地质活动都很少。所以，科学家们又把大陆上长期稳定的那些地盾叫作陆核，或者“克拉通”。“克拉通”源于希腊语，是“强度无比”的意思。

地壳是由不同的岩石组成的。因此，人们有时候也用岩石圈来称呼地壳。当然，严格地说，岩石圈还包括上地幔位于软流圈之上的顶部部分。

如果有一天，你站在北美洲哈得孙湾旁边的岩石上，或者是格陵兰岛的大冰盖旁，抑或是澳大利亚西部的沙漠里，再或者是埃塞俄比亚高原、南部非洲的地台上，那么，你就是站在了古老的地球地盾上！

在哈德孙湾旁边的岩石堆里，你可能会找到一块灰白色、带着一些像芝麻颗粒一样黑色物质的沉甸甸的石头，这就是片麻岩。这种古老的火山岩距今已有 40 亿年的历史了。

在格陵兰岛西岸巨大冰川的下面，你可能会捡到一块黑黑的、上面带着丝绸一样光滑纹路的同样沉甸甸的石头。恭喜你！你拿着的，是一块 40 亿年前的硅镁铁岩。因为在今天，已经不可能再形成像它们一样的花岗变质岩了！你可以把它们送到博物馆，博物馆里那位留着花白胡子的老先生，会把这两块石头放在最显眼的地方，并骄傲地告诉人们：这就是地球上最古老的石头，是一位勇敢的朋友在哈德孙湾旁边或者格陵兰岛上找到的。

不用说，这位勇敢的朋友就是你！

地质学家把大陆地壳上相对稳定、面积广大的陆地称为地盾。地盾一般形成于寒武纪或寒武纪之前，出露的岩层都属于太古宙和元古宙。和其他区域相比，地盾中的造山活动、断层、火山等地质活动都很少，因此可以保存更多的远古信息，形成许多大面积的矿产地。北美洲板块最坚硬、稳定的核心，就是加拿大地盾，面积将近 50 万平方千米。

片麻岩和硅镁铁岩都是地球上最古老的岩石。它们的熔点很高，而且还有一些特别的结构，说明这些岩石经历过极端的温度变化，也证实了地球在逐渐变冷。

后来，人们发现了更多的岩石和矿物。我们在小学的科学课上就已经知道了：地球上的岩石矿物有5500多种。要把这些种类都讲清楚，大概需要写100多本像本书一样厚的书！

实际上，我们只要知道地球的三类岩石是哪些，就足以了解我们的地球了！

科学家们把地球上的岩石分为三类：岩浆形成的火成岩，也叫作岩浆岩；沉积作用形成的沉积岩；以及由这两种岩石变质以后形成的变质岩。

当然，还有天外来客——陨石。严格来讲，陨石应该算作另一类。

我们必须知道：在地壳内部，

>> 有 40 多亿年历史的岩石，至今还躺在地球表面。在野外，你也许会幸运地发现它们

火成岩和变质岩占了95%，沉积岩只占5%。但是在地壳表面，沉积岩出露的面积却占了75%，而火成岩和变质岩出露的面积只占25%。

因此，当我们参加夏令营或是去野外旅行时，总要和这三类岩石打交道。

除非，你遇到了从天而降的天外来客——陨石！

>> 太古宙的“克拉通”，散布在地壳的不同地区

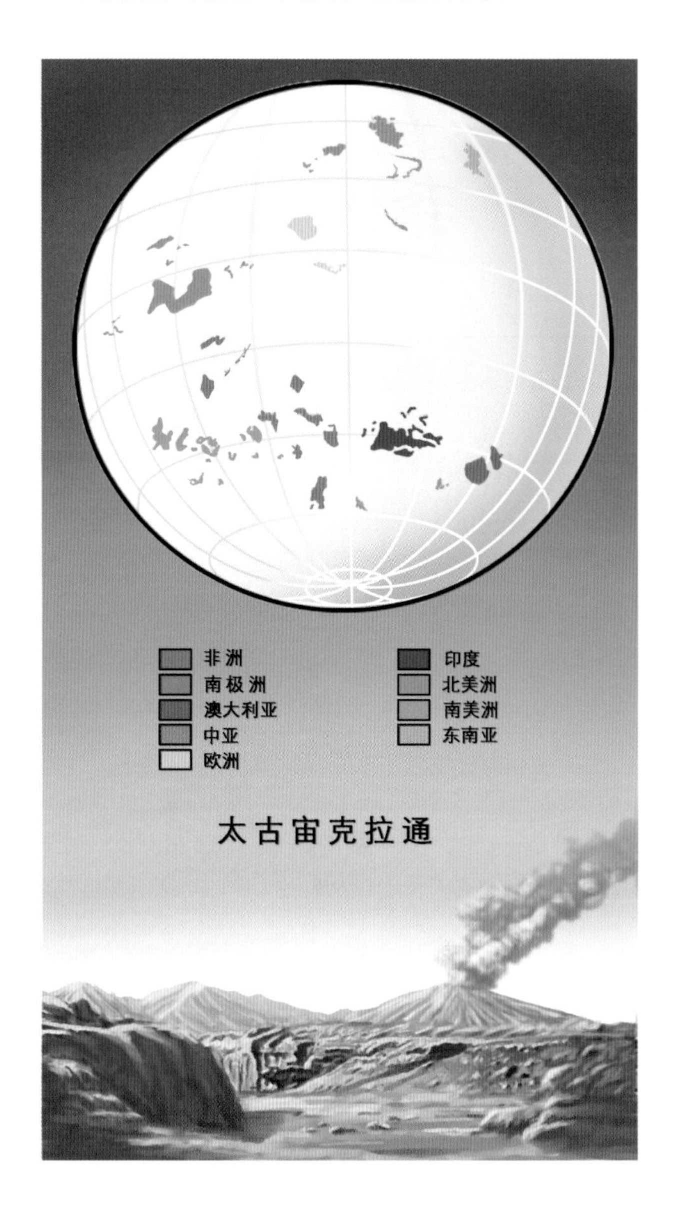

12

生命的第一声呐喊

20 世纪 70 年代，国际地层委员会把“太古宙”开始的时间定在 40 亿年前，因为那时候地球上有了水，出现了沉积岩。但也有人认为，应该把“太古宙”开始的时间定在 38.5 亿年前更合适，因为那时候地球上发出了生命的第一声呐喊！

当然，这第一声呐喊并不是我们所熟悉的动物或者人类发出的，而是构成生命最初形态的细菌和藻类！

事实上，生命在地球上出现的最早迹象，是科学家们间接观察到的。科学家们在格陵兰岛西南部、38.5 亿年前的沉积岩里发现了光合作用的物质。而光合作用正是生命产生的必要条件。

科学家们直接观察到的最早生命迹象，在澳大利亚西部、古皮尔巴拉

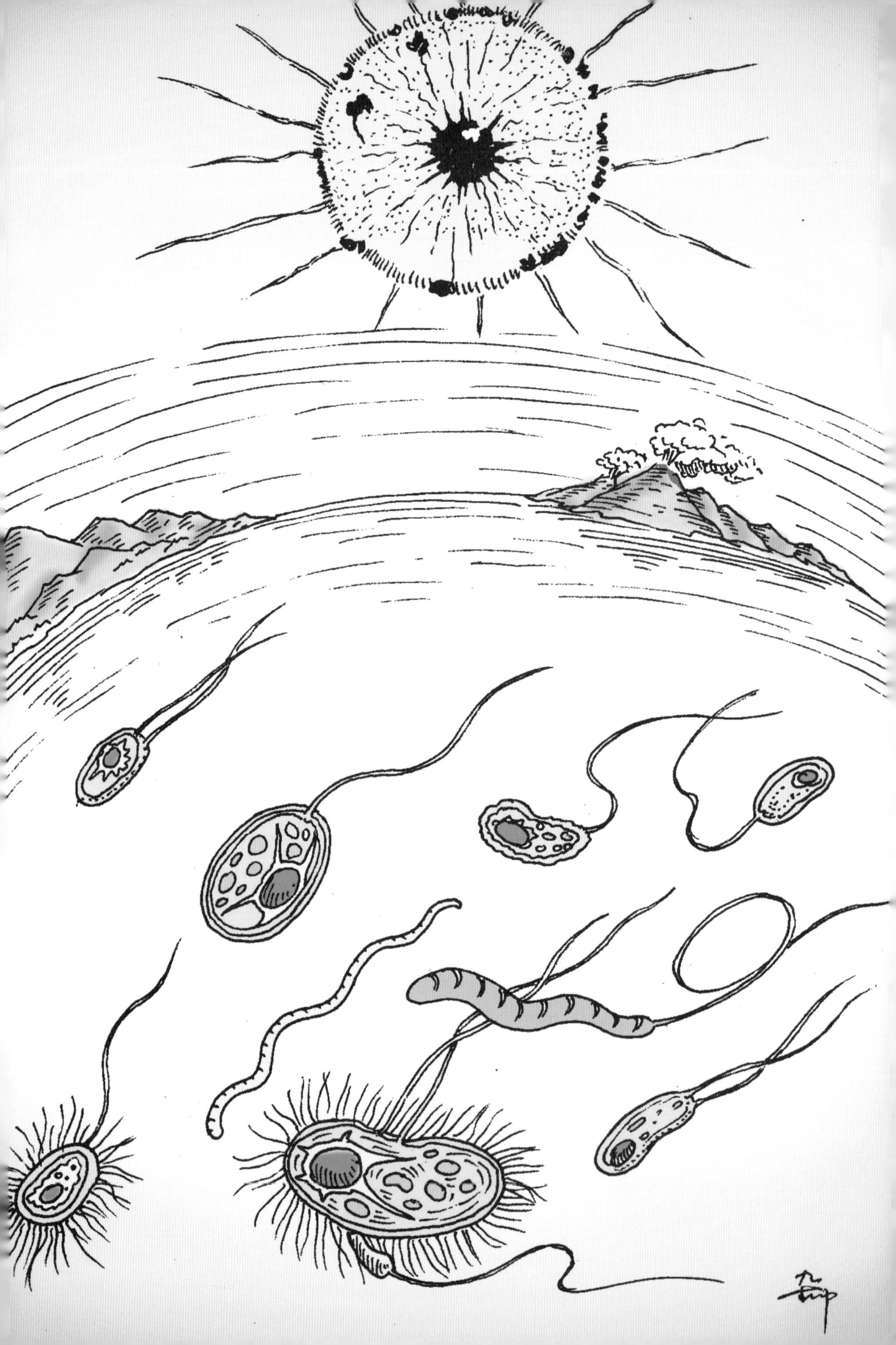

>> 蓝藻出现在 35 亿年前，但是，真正的蓝藻我们肉眼是看不到的

地盾上的一层沉积岩里。在这层沉积岩里，科学家们发现了“蓝藻”。这些蓝藻出现在 35 亿年前。

更直接的证据出现在南部非洲的“太古宙”地层。科学家们在那里发现了“超微化石”。“超微化石”里的菌类和藻类生活在 32 亿年前。这些“超微化石”都是单细胞的，要在显微镜下才能观察到。但它们是地球上生命的祖先，也是目前已知的地球上最古老的生物化石。人们把它们称作“古杆菌”和“巴利通球藻”。这些小生命只是一个个圆形或椭圆形的细胞，没有细胞核。但是，这标志着地球开始了从无生命到有生命的过程。

小贴士

北美地盾的范围，延伸到大西洋、北冰洋的广大区域，包括格陵兰岛、冰岛和斯匹次卑尔根岛。所以，在这些岛上，可以采集到最古老的岩石标本和其他宝贵的地质信息。斯匹次卑尔根岛的朗伊尔城是地球最北边的城市，从这里乘小型飞机可以到达北极的浮冰，从浮冰向北行走，就可以到达北极点。

“古杆菌”和“巴利通球藻”不仅是后来“澄江帽天山动物群”“澳大利亚埃迪卡拉动物群”和“加拿大布尔吉斯页岩动物群”的祖先，还是以后地球众生的始祖。植物、动物以致我们人类的生命源头，就是这种活跃在32亿年前的海洋里、肉眼还难以看到的微小细胞。这不仅是地球成长中的重大事件，也是人们所知道的宇宙发展中有关生命起源的唯一事件。

根据科学家们的判断，这些菌类和藻类细胞，可以在范围不大但温度较高的水中出现。这是不是意味着，只要具备了“范围不大但温度较高的水”的条件，就可能产生生命?

这是多么诱人的想法啊！你一定产生了这样的遐想：乘上太空船，在茫茫的宇宙中去寻找这种具有“范围不大但温度较高的水”的星球，去寻找地外生命，以及可能的外星生命！从理论上来说，在浩瀚的宇宙里，存在“范围不大但温度较高的水”的星球是完全可能的！

13

来自远古地球的财富

“太古宙”延续了大约 15 亿年。

在地球诞生的最初 6 亿年到 7 亿年间，软流圈里炙热的岩浆涌入地层，花岗岩在地壳里出现，在地球深处高温高压的作用下，花岗岩发生变化，形成了片麻岩等变质岩。所以，地球上最早的岩石出现在 40 多亿年前。早期的变质岩是火成岩和沉积岩的基本原料。

经过 10 亿年的缓慢移动、汇聚，火成岩、变质岩和沉积岩的不断积累、加厚，稳定大陆逐渐形成。大约 30 亿年前，第一块大陆出现在海面上。科学家们给这块大陆取名为“罗迪尼亚大陆”。罗迪尼亚大陆虽然面积很小，但是已经出现了所有现代大陆的“克拉通”。所以，地球上最古老的岩石都与“克拉通”有关。

>> 地球上大约一半的金、铅、锌，是在“太古宙”随着含有金属的流体从地幔沿着断层和裂隙汇聚到地表的

火成岩和变质岩是稳定大陆的核心，这两种岩石风化后的碎屑最终在大陆的边缘堆积，成了沉积岩。同时，大量的火山灰也被水流冲入大海，在大陆的边缘形成巨厚的火山沉积物。被搬运到深海大洋的火山灰成了深海沉积。深海沉积是“太古宙”地层的特点。

地壳形成的同时，也产生了断层和裂隙，为地幔物质的涌出提供了通道，所以，地球上大约 50% 的金、铅、锌都是在“太古宙”的时候，随着含有金属的流体从地幔沿着这些断层和裂隙来到当时的地壳表层的。

非洲南部的巴伯顿附近，有一条叫作科马提的河，在那里人们发现了至今几乎没有变质的古老火山岩和堆积在上面的一层细细的砂岩，以及大量含有蓝藻类细胞化石的岩石堆积成的叠层石。于是，科学家们就把这一套古老的、几乎没有变质的火山岩取名为“科马提岩”。除了南部非洲，

小贴士

非洲大部分地区都有前寒武系地层，但经过了程度不同的变质。而南部非洲的寒武系地层发育最全。在斯威士兰、津巴布韦有非洲出露最老的岩层。这套岩层的下部是一套超镁铁质为主的火山岩。著名的“科马提岩”即产在斯威士兰的科马提组中。超镁铁岩又叫硅镁铁岩，同位素年龄为 35 亿年，是地球的原始基性地壳中出露的古老岩石。斯威士兰地层上还覆盖着一套几乎未变质的沉积火山岩，年代为距今 30 亿至 17.5 亿年。这里的晚元古代地层里，有保存很好的腔肠动物门化石。

格陵兰岛西南部以及澳大利亚西北部的皮尔巴拉地区，都可以找到这套古老的火山岩。这种古老火山岩出现在距今 36 亿到 31 亿年前，与蓝藻出现的时间差不多。当然，变质的火山岩出现得更早， 而且，它们都发育在海洋的深处。

“科马提岩”是堆积在“太古宙”的特殊岩石。它记录了长达 35 亿年的地球演化历史，带来了关于生命、潮汐、火山活动、地壳形成等信息。在这些几乎没有变质的古老火山岩上，叠层石带着海浪的图形，如同我们看到的沙滩。叠层石里的蓝藻类细胞化石，表明了蓝藻类细胞曾经生活在一个富有热泉和淤泥的环境中，当时的环境比现在炎热。从那以后，地球的温度才慢慢降下来。

来自远古地球的财富，除了矿藏以外，还有书写着地球早期生命活动的档案。

14
氧气带来了新时代

科学家们推算，在“太古宙”初期，太阳照射到地球上的能量比现在少 30%，生命的进化十分缓慢。由于岩浆活动强烈，又没有植物进行光合作用，地球上的氧气含量很低，二氧化碳的含量是现在的十多倍，海水中盐的含量也比现在低。在这种缺氧的还原环境里，低价的铁元素很容易富集。最早的生物所产生的氧气没有在大气中聚集，而是首先和水里的铁元素发生反应，形成铁的氧化物。氧化物依然停留在水中。

科学家们估计，原始海洋里的铁元素，大约在 10 亿年的时间里，吸收了自蓝藻出现以来生物所释放出来的氧气。到了 25 亿年后，海里的铁才被完全氧化。所以，在“太古宙”的地层里沉积了丰富的铁矿，这种铁矿品位低，但层位稳定、储量大，常常形成大型甚至特大型矿床。人们能

>> 增加的氧气逐渐进入到大气层。氧气滋养了天地万物，生命更加繁盛

够找到的铁矿，80% 以上都是在澳大利亚、南部非洲、南美洲的“太古宙”到“元古宙”地层里。

海水氧化，铁元素沉淀，海水变得更加清澈，阳光能够照射到更深的地方，光合作用也就能在更深的水里进行。海水变清促进光合作用，也加快了氧气的产生。随后，地球上增加的氧气逐渐进入大气层，生命更加繁盛，并走向水域以外的世界。地球的成长进入了新的时代！

15

矿物的演化

矿物的演化？搞错了吧？只听说过植物的演化、动物的演化和人类的进化，从来没听说过矿物的演化啊？

看到这个标题，你一定会这样问。

的确，大多数的人们在探讨地球成长的过程时，都是徜徉在地质作用和生物演化两大领域里的。但是我要告诉你，实际上，还有第三个领域，这就是矿物的演化！这也是了解地球成长的重要领域。

新鲜吗？

当地球出生的时候，还伴随着化学元素的迅速分离与浓缩。一些化学元素会聚集在金属构成的地核里，另一些化学元素则分布在岩石圈和地幔中。一些原来还是同质结构的尘埃，演化出多种多样的化学成分，并结晶

>> 清澈的海水，充足的阳光，加速着海底物质的氧化

出不同的矿物。科学家们确定，最初的矿物只有十几种，到了宇宙尘埃汇聚成太阳系和各大行星时，矿物增加到 250 多种。

从“冥古宙”晚期一直到“太古宙”初期，地质作用把地表的岩石带向地球深部，这些岩石就分布在不同的温度和压力下，化学成分相同或者相似的元素聚合在一起，就发育出了不同的矿物。在那些时代的地层里，可以区分出大约 1500 种矿物。

在“太古宙”的中期和晚期，地球氧气增加，大气层慢慢形成，生物出现并繁衍起来，这改变和创造了地球前所未有的化学物理环境。氧化作用改造了露出地表的矿物的化学成分和物理结构。“冥古宙”晚期到“太古宙”

初期，是矿物演化史上一个重要的阶段。约 2900 种矿物在这个阶段出现，它们都是氧化物或者含氧盐矿物，其中就包括绿松石、孔雀石和蓝铜矿。

和氧气有关的矿物占了地球矿物种类的五分之四以上，它们都是随着地球环境的变化而演化的。

喜马拉雅地区的人们十分喜欢绿松石。他们的神灵说，绿松石来自非常非常遥远的天上，会给佩戴它的人带来好运！我觉得，这些神灵说的也许有些道理！因为绿松石的确是产生于至少 25 亿年前的“太古宙”。

生物本身也会产生一些特殊的矿物。

生物身上的钙、磷、碳等成分，往往可以演变成矿物。加来海峡边的白垩悬崖、大西洋边的埃特雷塔峭壁、地中海北岸的韦尔东峡谷等等都是由死去动物的天然钙质骨骼积压而成的。钙还是石灰岩、大理岩的主要原料。几乎所有的磷酸盐类矿物都和动物有关。至于碳，就更明白了，煤、石油就是来自于碳。当然，这些都是“太古宙”以后发生的事了！

今天我们所知道的 5500 种矿物中，有将近三分之二与生物世界有关。

不要忘了水，因为水也是一种矿物！

地质力量、大气变化、生物演化、矿物演化这四个领域相互影响、相互作用，共同促进了地球的成长。

科学家们以氧气在地球上的产生、增加并进入大气层为标志，划分出地球成长的第三个阶段——“元古宙”。

从地球诞生到“元古宙”开始，时间已经过去了 21 亿年。相当于我们所比喻过的、把地球压缩成一年时间里的第 167 天——已经到了 5 月中旬。紧接着，“元古宙”开始了。

16
白色星球

“元古宙”从距今25亿年延续到距今5.41亿年，大约经历了20亿年，相当于地球历史长度的40%。

北美洲的休伦湖边，分布着大面积的冰川遗迹，也就是冰碛层。同样的冰川遗迹在北欧的卡累利阿地峡及非洲大陆等地也有发现，说明地球上曾经有过一次大规模的冰川活动。

的确，从距今24亿年到21亿年，地球经历了历史上第一个，同时也是时间最长的冰河期。科学家们把这个时期称为“休伦冰川时期”。

随着生命的诞生，细菌的光合作用，地球的大气结构发生了巨大的变化。地球上的氧气从无到有，到了“元古宙”的晚期，浓度最高时达到了4%，地球大气层也开始形成。氧气和二氧化碳是大气的主要成分（“元古

>> “大氧化事件”带给地球全新的未来

宙”晚期大气的主要成分是二氧化碳和水蒸气，直到距今 24 亿年前的“大氧化事件”出现后，大气中的氧气也仅占 1%）。由于氧气的增加，处于成型阶段的石灰岩吸收着大气中的二氧化碳，使大气中的二氧化碳含量降低。而二氧化碳是主要的温室气体，温室气体减少，导致了地表温度的下降。而且，那个时代太阳照到地球上的光热只有现在的85%。在几万年的时间里，地球表面温度降到了 −50℃，水冻结成冰，整个地面被冰雪覆盖。而海面冰块的厚度超过了1000米。整个地球成了一个冰球。洁白的冰雪把太阳光反射回太空，使地球的冰冻程度更高。

科学家们把这个因为氧气的变化引起地球环境变化的现象，称为“大氧化事件”。

“大氧化事件”的时候，地球表面虽然被茫茫的冰雪覆盖，但地球的内部依然活跃，火山活动并没有减少。相反，火山释放出来的二氧化碳在冰盖下积聚，直到冲破冰盖，融入大气层，使温室气体增加，地表温度回升。这样的解冻过程，只需要几万年的时间。在长达3亿年的“休伦冰川时期”，地球经历了4次这样的从冰冻到解冻的过程。

冰川地质作用有效地改变着地球，厚厚的冰层保持了冰层下面的水温，保护了海底生物的进化。另外，当水结冰时，体积增大。如果水在岩石中结冰，很容易使岩石崩塌、分解，加速岩石的风化，使岩石变为土壤。而土壤又为生物的繁盛和进化提供了条件。

与此同时，在“冰冻地球”这样的环境下，地球内部的地质作用反而得以平稳进行，地幔物质缓慢上升，促进了地壳板块的运动以及板块的拼合。

所以，有的科学家认为，应该把“大氧化事件”从地球成长的历史中单独分出来，因为那是一个大气变化引起了地球全面演化的特殊时代！但是，科学家们还是把“大氧化事件”归到了“元古宙”的时代里。

17
一个时代的终结：矿物大爆发

25 亿年前，当“休伦冰川时期”过去，“大氧化事件”给地球带来了新的面貌。如果你有幸从太空看地球，会觉得有些像现代的红色行星——火星。氧气促进了岩石的侵蚀，把铁元素从地表的花岗岩或者玄武岩中分解出来，溶入地面的碎屑和土壤，使碎屑和土壤成为砖红色。这种氧化作用促进了化学元素的分解，催生了地球上的绝大部分矿物。

是“元古宙”的“大氧化事件”，带来了地球上的“矿物大爆炸”。

“太古宙”以前，地球上还没有氧气，那时也没有矿物。人们发现的最古老岩石，是单纯的变质岩。直到 35 亿年前，菌类和藻类出现，光合作用产生，有了氧气。氧气积累，氧化作用开始，地表环境彻底改变，矿物才慢慢形成。所以，有的科学家认为：地球上大多数矿物的出现，是地

球生命的结果，也是“太古宙”的重要成果。地球的成长，同时也带来了矿物的产生和进化。

>> 铼也是氧化作用形成的矿物

矿物对生命的这种依赖，是通过氧化作用完成的。地壳里的化学元素和含氧丰富的水结合，形成了氧化水。氧化水带着不同化学元素，对岩石进行渗透、溶解、化合，使这些化学元素分解、积聚，成了矿物。

氧化作用催生矿物的典型例子是辉钼矿。钼是一种常见矿物，质地较软，很容易破损，这种化学元素除非被氧化，一般不会出现在沉积岩里。当氧化程度更高的时候，钼元素还会从沉积岩渗入花岗岩，经过风化作用，随着水流流入海洋，在海床上堆积起来，成为矿床。和钼元素伴生的，还有另外一种稀有矿物——铼。铼是航空航天、电子产品的必需材料，价格与白金相当。目前全球的已知储量仅有 1100 吨。

铼也是一种氧化矿物，和钼、锌等元素伴生。澳大利亚西部的麦肯雷山上，就有这种氧化钼矿的典型沉积岩，形成年代距今接近 25 亿年。经过了这样漫长的岁月，才氧化成了矿床。

另外的例子就是绿柱石，包括祖母绿、海蓝宝石等。其基本的化学元素是铍。绿柱石是铍矿物的一种。铍元素最早出现在地球上的时间是15亿年前，在炽热的岩浆溶液中，铍元素慢慢地积聚、浓缩成一种能够沉淀出绿宝石晶体的丰富液体，同时接受氧化。经过了10亿年，也就是“大氧化事件”期间，有大约20种不同的铍矿物出现，其中就包括了绿柱石。

铁、铜、镁、镍、钼、铀、汞等许许多多的矿物，都形成于“元古宙”。在氧气出现之前，这些矿物是不可能出现的。

所以，在生物生命大爆发之前，就有了矿物大爆发。而矿物大爆发延续的时间，要比生物生命大爆发的更长！地球上现存的矿物中，有3000

小贴士

磷是一种典型的生物沉积矿产。磷是构成动物躯体的重要元素。动物死了以后，磷元素沉积在泥土里。大量的动物遗体堆积起来，就成了矿产。古生代早期的地层里就生成了大量的磷矿。大家都知道，植物生长离不开氮、磷、钾。磷矿石的用途很多，可以制取纯磷（黄磷、赤磷），也可以制取磷肥、磷酸及其他化工原料。赤磷是做火柴的原料；黄磷有剧毒，可以制造农药；磷酸是制取高效磷肥及各种磷酸盐的原料。磷酸盐用于制糖、陶瓷、玻璃、纺织等工业。磷酸钠、磷酸二氢钠可做净化锅炉用水的净化剂，磷酸二氢钠还可以制造人造丝。六聚偏磷酸钠可做水的软化剂和金属防腐剂。磷还用于医药。炼制磷青铜等都要用磷。

多种是在“大氧化事件”以后生成的。它们都是氧化矿。

地球在以后的成长过程中，随着地质作用、大气变化和生物演化，矿物也在演化。更多的矿物还会产生。四个领域相互影响、相互作用，共同促进了地球的成长。因此，认识地层和地层年代，对于找矿的人们非常重要！

18

罗迪尼亚超级大陆

“元古宙”结束的时候，地球已经成长了 40.59 亿年，相当于我们所比喻过的、把地球压缩成一年时间里的第 325 天，到了 11 月中旬。在“元古宙”这 19.59 亿年的时间里，地球发生了翻天覆地的变化。

我们已经熟悉了今天地球上海洋与陆地的格局：浩瀚的大西洋四周是南北美洲、欧洲和非洲；庞大的亚洲大陆面临着广阔的太平洋，太平洋南部岛屿密集，再往南就是大洋洲；南极大陆稳稳当当地坐镇南极，即地轴的南端。在极地，地球旋转带来的离心力是最小的。板块活动曾经三番五次地改变着地球的海陆面貌。

30 亿年前，在“太古宙”后期，地壳已经开始成型，最早的大陆出现，科学家们把它取名为“罗迪尼亚大陆”。罗迪尼亚大陆面积不大，是

>> 地球上的第一块大陆出现在大约 30 亿年前的海面上。
“罗迪尼亚”是个漂亮的名字，俄语的意思是“祖国”

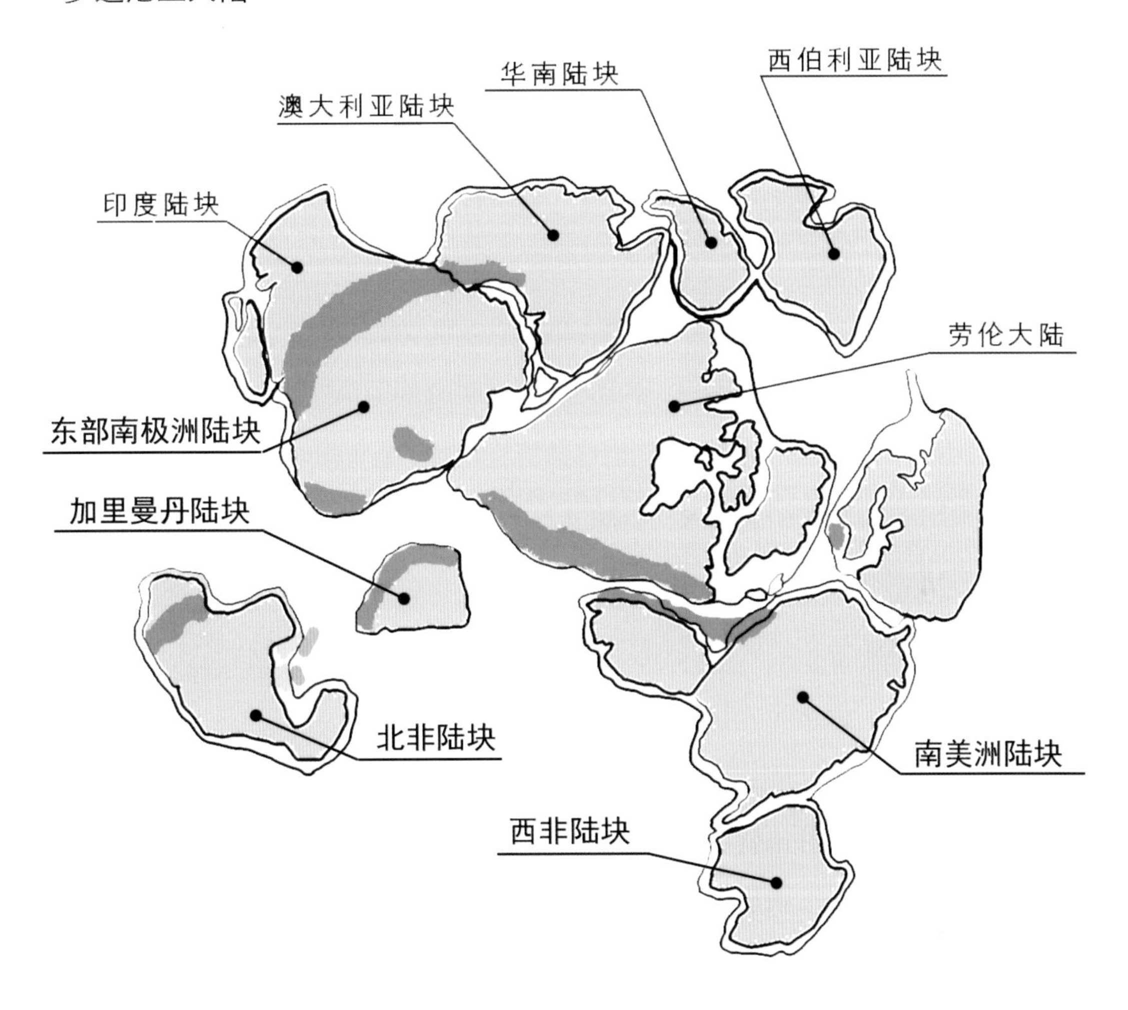

由五六块古陆核，即克拉通组成的。后来慢慢地拼合了其他陆块，再进一步扩大成有三十多块古陆核组成的超级大陆。这些古陆核很结实，一旦成型，就常存下来。它们的面积从几百平方千米到几千平方千米，它们形成的时间有的有 38 亿年之久。科学家们为每一块古陆核都取了名字。

古陆核经过几十亿年的变迁，成为今天各个大陆的基础：三块陆核构成了格陵兰岛的大部分；北美大陆的中心地带是由六块陆核组成的；南美洲的下面有三块陆核；喜马拉雅山脉以东的亚洲大陆则有两块陆核垫底，其中就包括了你可能听说过的“扬子地台”。大洋洲、非洲、南极洲，以及斯堪的纳维亚、西伯利亚、印度半岛，都有数量不等的古老陆核作为陆地的基底。

罗迪尼亚大陆最初的位置在赤道附近，在组成的过程中也在不断地向南移动。不到一亿年的时间，罗迪尼亚大陆就移到了南极。

组合、分离，分离、组合，是地球板块在强大地质作用下的运动规律。

从“元古宙”中期开始，罗迪尼亚大陆在将近 6 亿年的时间里逐渐地分开，漂移成几块零散的大陆。主要的有 3 块，其中最大的一块是从南极延伸、穿过赤道的“冈瓦纳大陆”。另外两块，科学家们分别取名为“劳伦大陆”和“波罗的次大陆”。

后来，“劳伦大陆”和“波罗的次大陆”又拼合成“劳亚大陆”。“劳亚大陆”和“冈瓦纳大陆”一起，共同存在了将近 2 亿年。经过了将近 5.8 亿年的漫长漂移，到了“元古宙”的晚期，即“显生宙”的“中生代”早期、“三叠纪”的时候，“劳亚大陆”“冈瓦纳大陆”和其他一些分散的陆块一起，又慢慢地聚合，成为“联合古大陆”。“联合古大陆”的周围，是广阔的海洋，科学家们称之为“泛大洋”。

到了“三叠纪”中期，联合古大陆开始解体，经过了将近2.3亿年的分散、漂移，原来的“冈瓦纳大陆”形成了南美洲、非洲、澳大利亚、南极洲，以及印度半岛和阿拉伯半岛等地；原来的“劳亚大陆”也最终分离，成了北半球的各大洲。“泛大洋”也分隔成几块大小不一的水体，成为我们熟悉的近代四大洋。直到这时，地球表面才形成了现在的模样。

第三辑

爆发与成长

19
有壳动物:“显生宙”开始了

“显生宙”是生命可以被看见的时期。因为“显生宙”的化石记录最丰富、地层对比更清楚、动植物的演化最明显。

生命最早出现在“前寒武纪”的海洋里，它们用了将近30亿年的时间，从细菌、藻类、单细胞、多细胞，演化到了软体动物。“寒武纪”时，海洋动物有了壳，又开始演化出了骨骼。它们的壳也是矿物进化的结果。因为这些动物们的壳，全部是由碳酸钙或者硅组成的。而它们的骨骼，是磷酸盐和磷矿的来源，也是白垩的材料。

在地球上的“寒武纪”地层里，可以找到各种各样带壳的动物化石，它们主要是软舌螺、腹足类、单板类、喙壳类等，这些小型的螺类动物就叫小壳动物。

以小壳动物的出现为标志，“显生宙”来临了。

>> 以小壳动物的出现为标志，“显生宙”拉开了序幕

此后，动物的进化迅速升级：有的长出了外壳和骨片，有的长出了腿，它们的生活开始多样化，具备了攻击或者防御的能力。动物间也开始为了生存而互相捕杀。地球的海洋里热闹起来。

由“古生代”“中生代”“新生代”组成的“显生宙”历时5.41亿年，只有此前地球历史的大约八分之一。但是，地球在这三个时代里的变化是最大的，我们对这三个时代的了解也是最多的。

科学家们把跨度2.89亿年的“古生代”划分为6个纪：“寒武纪”“奥陶纪”“志留纪”“泥盆纪”“石炭纪”“二叠纪”。前三个纪又合称为“早古生代”，后三个纪合称为“晚古生代”。这6个纪各自的时间长度不一样。“石炭纪”最长，时间跨度5900万年，“志留纪”最短，时间跨度2400万年。

包括了“寒武纪”“奥陶纪”“志留纪”三个时期的“早古生代”一共经历了1.22亿年，相当于我们所比喻过的、把地球压缩成一年时间里的不到11天。而其中的“寒武纪”经历了5600万年，仅仅相当于4天多一点。

“显生宙”持续的时间比之前所有的“宙”都要短。“冥古宙”6亿年，“太古宙”15亿年，“元古宙”19.59亿年，而“显生宙”只有5亿多年。但“显生宙”包括的，却是最近5.41亿年来地球更加清楚的历史。

“显生宙”的5.41亿年，相当于我们所比喻过的、把地球压缩成一年时间里的最后43天。

科学家们根据地球的变化和生物的进化情况，从古到今，把“显生宙”划分为三个代：“古生代”，距今5.41亿年到2.52亿年；“中生代”，距今2.52亿年到6600万年；“新生代”，距今6600万年至今。

进入“显生宙”以后，地球的气候、地理、生物等都发生了巨大的变化。

“显生宙”时，地球因为氧气含量的变化，呈现出四个主要时期：第一时期，在开始的1.8亿年间，因二氧化碳的含量是之前的10 ~ 25倍，地球成了温室星球；第二个时期，在后来的1.2亿年间，因“石炭纪”时植物生长繁茂，但在沉积、变质成煤、气等可燃物质的过程中消耗了氧气，空气中氧气含量下降，地球呈现了又一次冰期，并且空气中的氧气含量再也没有达到过“元古宙”时的浓度；第三时期，主要是“中生代”中晚期到“新生代”的1.78亿年间，大洋中脊火山活动频繁，二氧化硫含量稍微上升，联合古大陆分裂，地球经历了又一次新的温室星球时期；第四时期，距今6600万年以来，大洋中脊的火山活动逐渐减弱，释放出的二氧化碳减少，气温逐渐降低，地球进入了平稳降温的新时期。

“显生宙”的陆地和海洋，经过了多次的分离、拼合，再分离、再拼合的过程，最后形成了今天的格局。

“寒武纪”以后，也就是从“古生代”到“中生代”，跨越了“奥陶纪”到“白垩纪”的8个地质历史时期，经过了大约4.19亿年。在此期间，地球生物经历了5次大规模的生存灾难事件。每一次生物生存灾难事件，都使原来的生物大量灭绝，之后又有大量新物种产生，地球面貌焕然一新。所以，地球生物生存大灾难事件，也是生物演化过程中不可缺少的“催化剂”。地球上的一切，都是在不断地诞生—毁灭—再诞生—再毁灭的循环交替中一步一步地进化到今天的。

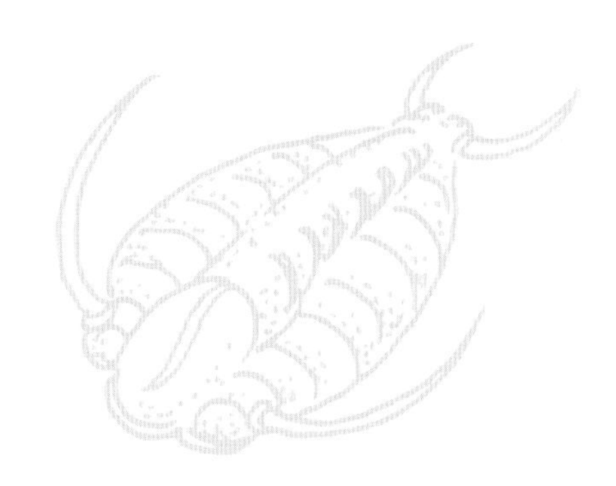

20
什么是“前寒武纪”

“寒武纪”开始于5.41亿年前，是“古生代”的第一个阶段。科学家们往往喜欢把“寒武纪”之前的整个“隐生宙”时期叫作“前寒武纪”。也有一部分科学家，把“寒武纪”之前大约3亿年的时期单独分出来，命名为“埃迪卡拉纪”。还有的科学家喜欢把这3亿年的时期称为“震旦纪”。

分类是搞清楚一件事情的方法。人们把包括动物、植物在内的生物界分为“界”“门”“纲”“目”“科”“属”“种”，共七个层次。

正像人们给生物分类一样，人们对地质时代和地层时代也进行了分类。

人们把地质时代划分为“宙”“代”“纪”“世”四个层次，后来在“世”下面又分出“期”，实际上是五个层次的地质时代单位。

地质时代单位给出的是时间概念。与此相对应，岩石地层按照形成的时间也进行了层次划分。因为不同的地质时代会形成不同的岩石地层。岩石地层也划分为五个层次："宇""界""系""统""阶"。它们和时间层次对应。比如说，"寒武纪"对应着"寒武系"，就是说，在"寒武纪"这个地质时代，产生了"寒武系"这套岩石地层；又比如说，"中生代"的"白垩纪"形成的岩石地层就叫"白垩系"。

这种划分有点像钞票的划分：元、角、分。过去还有"厘"。

这样一划分，就可以像书页一样，把分布在地球表面看起来杂乱无章的各种岩石、地层，按照时间顺序进行有序排列。这便于研究它们的历史形态和相互之间的关系，特别是蕴藏在地层和岩石里面的矿物。

这是地质学的基础，也是找矿的基本方法。因为不同的时代会形成不同的地层，而不同的地层中会产生不同的矿物。为了找到有用的矿藏或者满足其他的地质需要，地质工作者首先要搞清地层形成的时代和岩石所处的地层。科学家还给不同的地质时代取了不同的名字。

英格兰岛上的威尔士地区，有座称为"坎布连"的山脉，这里有一套岩石，1835 年，一位科学家根据山脉的名字，把这套岩石叫作"坎布连"。后来有人又把"坎布连"翻译为"寒武"。这个叫法一直沿用至今。所以，和"坎布连"一样的地层就叫"寒武系"，而生成"寒武系"地层的时代就叫作"寒武纪"。

"寒武纪"是"显生宙"期间"古生代"的开始，是"古生代"的第一个"纪"。大约在地球进入 40.5 亿年、距今 5.41 亿年的时期，"寒武纪"开始。"寒武纪"经历了 5600 万年以后，在距今 4.85 亿年结束。当然，这里所说的"开始"和"结束"，并不是截然隔断的，而是渐进的。

>> 这些奇怪的生物只有在“前寒武纪”的海洋里才能看到，现在能够看到的，只是它们的化石

>> 早晚期“寒武纪”的陆地是不一样的

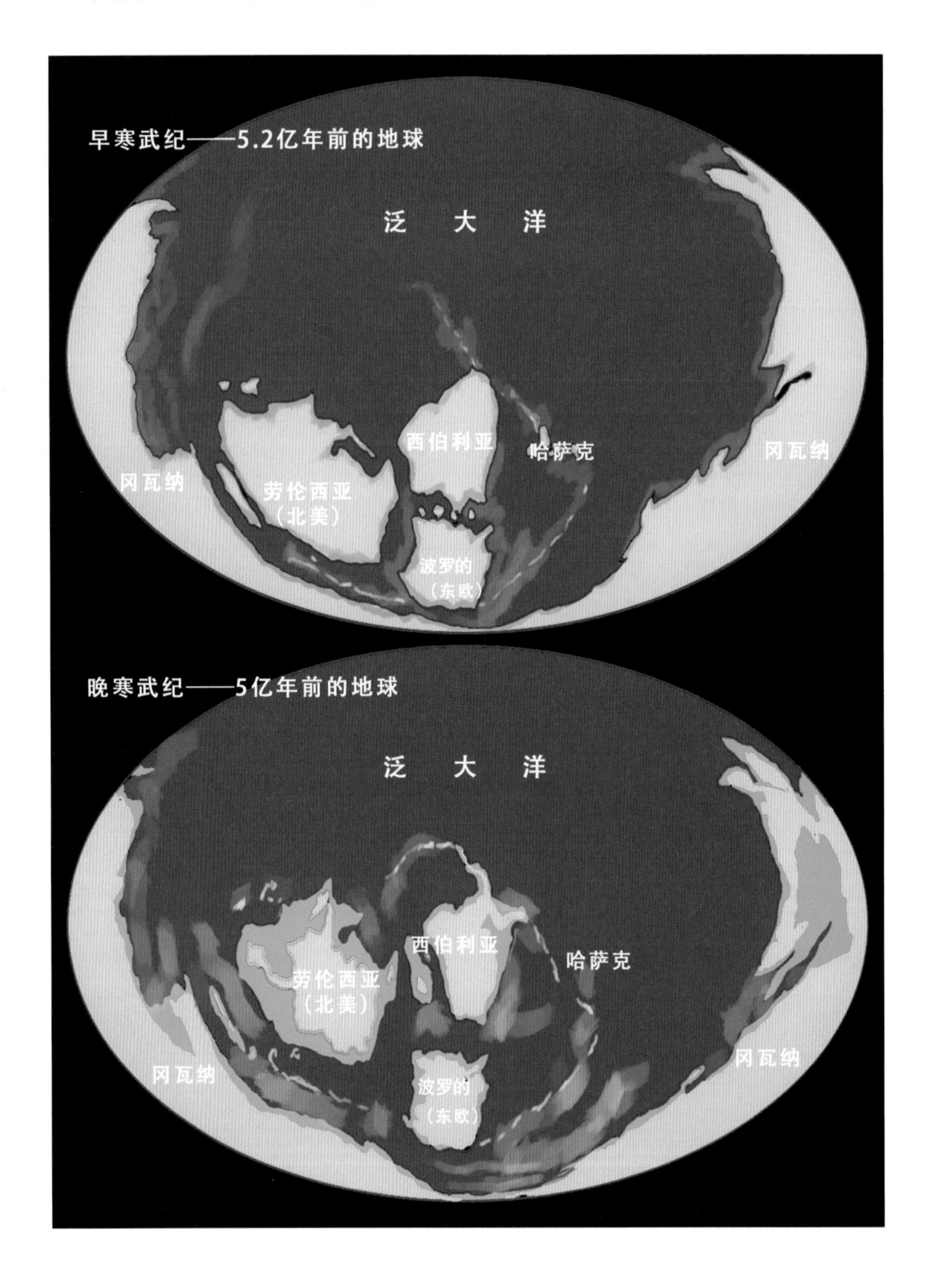

“寒武纪”的5600万年好像很长，其实是一段不长的地质时期，仅仅相当于我们所比喻过的、把地球压缩成一年时间里的4天多一点。可是，“寒武纪”这个时间段在地球成长的历史中非常重要。因为在“寒武纪”的前后，地球上的各种状况发生了很大的变化。

21

达尔文的疑惑:“进化”还是“演化”?

科学上的很多发现都有一定偶然性。

在达尔文生活的时代，人们对地球的历史已经有了比较清楚的认识。达尔文曾经猜想：在“寒武纪”以前，应该有原始生命形态存在，在“前寒武纪”或“寒武纪”的岩石中，应该会看到这些原始生命的痕迹。如果这样，就可以支撑他的进化论了。

但是，达尔文始终没有看到这个结果。老先生真的有点遗憾!

达尔文逝世一百多年后，1984 年，几位科学家在中国云南一个叫作澄江帽天山的“前寒武系”地层里，发现了大量至今完全没有见过的生物化石，这些化石包括了 40 多种门类、80 多种动物，有节肢动物、脊索动物、叶足动物和腕足动物，完全是一个化石群。许多化石动物不仅非常完整，还保存了完好的软体组织，甚至可以看到它们的口腔，样子非常奇特。

这些，就是达尔文梦寐以求看到的地球早期生物。

这些动物生活在距今 5.3 亿至 5.2 亿年前的“寒武纪”，甚至更早时期的海洋中。它们的演化时间仅仅 1000 万年，但种类数量之多，超过了人们的想象。虽经 5 亿多年的沧桑巨变，这些最原始的不同类型的海洋动物，其软体构造保存完好，千姿百态、栩栩如生，是目前世界上发现的最古老、保存最好的一个多门类动物化石群。它们生动地再现了当时海洋生命的壮丽景观，以及现代动物的原始特征。

在澄江帽天山发现的这些化石有力地证明了：在地球生命形成的初期，地球上曾经有过大面积的海洋，海洋中有大量的藻类。因此，海水中的含氧量比现在高得多。这给生命的产生和发展创造了一个良好的环境。对于早期的动物来说，它们有足够的氧气，也有足够的食物。在“前寒武纪”和“寒武纪”时期，生物有过全面繁盛的现象。几乎现存所有生物门类，都可以在这些化石中找到自己的祖先。而更多地在“前寒武纪”和“寒武纪”化石中出现过的生物门类，在后来漫长的演化过程中已经消失。同一时间起跑的生物，有的走过几亿年还是老样子，有的几百万年后就完全灭绝，有的却演化出了差异巨大的不同种类。同样的时间对它们起了截然不同的作用。

澄江帽天山“前寒武系”地层里化石群的发现，为研究地球早期生命的起源、演化、生态等理论提供了珍贵证据。所以，这些“前寒武纪”动物的出现，被人们称为“寒武纪生命大爆发”，并被认为是地球生命演化史上的大事件，被称为“二十世纪最惊人的发现”之一。这些史前生命形象，完全可以作为科幻影片中奇形怪状的生物群的样本，也完全可以成为哲学家们认识生命本质的思考灵感!

事实证明，“寒武纪”早期，确实存在着在地球生命史上变化速度最快、规模最大、影响最深远的生命演化事件，这一事实改变了人们对生物演化的传统看法。生命演化在不到地球生命发展史时间0.2%的“瞬间”，诞生了90%以上的动物门类，奠定了动物类型多样化的框架。

事实也证明了：生命在渐变的缓慢进化过程中，有时候也会在短期内发生大规模的迅速演化，就是产生“突变”。

帽天山的发现明确告诉我们：在地球生命演化的过程中，有渐进，也有爆发；有渐变，也有突变；有渐灭，也有绝灭；有生存竞争、自然选择，

>> 最早的脊椎动物——海口鱼。海口鱼根本不知道，自己在 5 亿年后，会有这么大的名气

>> “前寒武纪”的帽天山海底。动物生活在这片平静海底，它们变成的化石揭开了地球历史的一个大秘密

小贴士

有人认为，达尔文生物进化论的主要缺陷或者局限是：1. 地球有 46 亿年的历史，进化论仅仅解释了 1 亿年内可能发生过的生物进化现象，而没有联系在此之前 45 亿年内地球上可能发生的生物演化情况，割断了近代地球与历史地球的联系。2. 受时代和技术的局限，生物进化论无法回答几千年来地球上存在的关于生命产生、演化的多样性，以及诸多神秘现象和不解之谜，把人类简单地推上了至高无上的地球生物主宰的地位。3. 无法解释寒武纪“生物生命大爆炸”的现象，那么多高等生物在短期内突然出现，又很快消亡，这些难道都是进化来的吗？4. 进化论违背生物近亲繁殖必然产生代代劣质、最终灭绝这个生命发展的基本规律。5. 导致进化论形成的理论基础是“物竞天择、优胜劣汰”的必然规律，这就为后来有人主张的“社会达尔文主义”“凡存在的就是合理的”等等极端思潮提供了“科学证明”。

也有协同生存、共同演化。这些现象，挑战了人们已经固有的生命只能是一步步慢慢地从低级到高级、从简单到复杂、从少量到多量，逐步地、直线型地“进化”到现在的理论。事实上，生命早期几乎所有的门类，到现代都能找到它们的近亲。相反的，一只三叶虫绝对不可能进化成鲸鱼，蜻蜓也不可能进化成老鹰。

所以，事实和传统理论发生了冲突！达尔文理论的均变进化论部分受到了挑战！

达尔文如果到澄江帽天山看过这些化石，一定会对他的理论的某些章节进行重大补充和修订，甚至可能会重新思考他的理论架构。事实上，老先生在晚年已经意识到，他的理论存在着巨大的缺陷。

演化不等于进化，演化是没有方向的变化，可以是由简单到复杂的进化，也可以是由复杂到简单的退化。所以，演化是一个自然选择、自然发展的过程。演化的主要机制是生物的可遗传变异，以及生物对环境的适应和物种间的竞争。在生物的自然选择、自然发展过程中，物种的特征会被保留或者淘汰，甚至还会使新物种诞生、原有物种灭绝。所以，演化不是单向的、集中的，而是分散的、平行的。我觉得，用演化来描述地球生命的过程，也许更加准确。生物学家认为，地球上的所有生命，都来自 30 多亿年前出现的共同祖先，之后，才持续不断地演化。目前地球上现存的物种大约是 1350 万个。

所以，我们对自然的认识，总是要不断地补充和完善。不能以“权威”或者传统固化了的看法束缚自己。只有大自然，才是我们获得知识的可靠源泉。

现在，许多科学家认为，地球生物是自然“演化”而来的，而不是阶梯式、直线型地“进化”而来的。

虽然，“演化”和“进化”只是一字之差，但要完全说清楚，需要另外一本厚厚的书来告诉你。在我们的这本书里，我觉得，用“演化”来描述穿越地球的往事，可能会更确切一些。

你说呢?

22
三个生物群——生命大爆发的证据

在澄江发现“寒武纪”生命大爆发的各种化石以前，世界上已经有过两次对“前寒武纪”和“寒武纪”生物化石的重要发现。

1909 年，在加拿大布尔吉斯的沉积页岩中，科学家们发现了一组动物群化石，除了有壳的三叶虫和海绵动物，还有 100 多种保存得十分完整的无脊椎动物化石。它们有的像环节动物，有的是像水母、海葵那样的腔肠动物，也有的是像海参那样的棘皮动物……这些动物大多数应该生活在深海里。经测定，它们生活的年代大约距今 5.1 亿年，比澄江动物群晚 2000 万年。后来，科学家们把这些动物称为“布尔吉斯生物群”。“布尔吉斯生物群”给当时的科学界造成了极大的震撼，使科学家们第一次清楚地认识到，在“寒武纪”的海洋中，像三叶虫那样骨骼化的动物仅仅占少数，

>> 布尔吉斯的海洋生物群。虽然相隔了千万年，距离上万里，但这里的海洋生物群和埃迪卡拉的是不是十分相像？

绝大多数动物是不易保存化石遗迹的软躯体动物。这些软躯体动物的门类还非常多。这就说明：人们原来关于“寒武纪”只有三叶虫等少数硬体动物的认识是片面的。一时间，加拿大布尔吉斯成为全世界古生物学者关注的圣地。

1947 年，在澳大利亚南部的埃迪卡拉，又发现了大量的史前无壳动物化石，它们以腔肠动物门的水母类为主，还有环节动物和其他软体动物。

>> 埃迪卡拉海洋生物群

地质学家们采集到了几千块化石，在对这些化石进行深入细致的研究后发现：这些化石记录的动物有的是圆形的压印，同现代水母相似；有的是柄状的印痕，与现代海鳃相似；有的是像细长蠕虫那样的化石印痕；更有一块化石上的动物有一个马蹄形的头和大约 40 个完全相同的体节，与现代的环节动物相似；还有一块化石上的动物呈椭圆形，头部为盾形，身体有 T 形纹道，样子奇怪，像节肢动物。这些动物同现在已知的任何一种生物都不相同。

经测定，在埃迪卡拉化石中发现的动物们，生存的年代距今约5.6亿年，比加拿大布尔吉斯的动物群早0.5亿年，比澄江动物群早0.3亿年，应该是地球上出现最早的海洋动物群。

在1974年召开的国际地质科学联合会巴黎会议上，地质学家们一致肯定埃迪卡拉动物群生活的年代为“前寒武纪”晚期，这是目前已发现的地球上最古老的后生动物化石群之一。因此，埃迪卡拉动物群一直被作为“前寒武纪”生物演化的标志。有的地质学家还把埃迪卡拉动物群生活的年代定为一个专门的地质年代，叫作“埃迪卡拉纪”。

但是，澳大利亚埃迪卡拉动物群和加拿大布尔吉斯动物群，一个生活在“寒武纪”之前，一个生活在“寒武纪”早期，两个动物群显示的年代中间有5000万年漫长的时期间隔。动物们在这漫长的时间里是怎样演化的还不明确，它们之间的演化关系更不清楚。

直到1984年，澄江动物化石群的发现，才填补了澳大利亚埃迪卡拉、加拿大布尔吉斯两个动物群生活时代之间的空白。

三个地方化石的发现，像链条一样，把“寒武纪”和“寒武纪”以前动物的演化过程连接起来，让我们如实地看到了距今5亿多年前动物演化的真实面貌。所以，澄江帽天山动物化石群是三个链条中重要的一环。

在“寒武纪”地层里，已经发现的动物化石有2500多种。可实际上，那时海洋中生活着的动物肯定不止2500种。在澄江帽天山发现的动物化石群，由于保存完整、门类众多、分布广泛，比加拿大布尔吉斯动物化石群更全面、更清楚地展示了地球成长历史中近40亿年来动物进化的最新

>> 这三处化石为证，地球确实发生过“寒武纪生命大爆发”

成果。而且，还可以了解到那个时候大气、岩石、海洋等方面的状况。所以，澄江帽天山的动物化石群被誉为世界古生物之最，与澳大利亚埃迪卡拉动物群、加拿大布尔吉斯动物群一起，被世界古生物学界列为地球早期生命起源和演化实例的三大奇迹。

澄江帽天山动物化石群还告诉我们，许多生物远在布尔吉斯动物群之前就出现了。而且，一些动物门类在长达1.6亿年的漫长时间里，演化过程是连续的；它们经过了埃迪卡拉—澄江帽天山—布尔吉斯时期，继续演化着。特别是在澄江帽天山、布尔吉斯两个阶段，最大的演化现象是带壳

>> 如果你在 5.4 亿—5.3 亿年前的“寒武纪”，甚至更早一些时期的海洋里写生，你的作品可能会是这样的

动物的出现，产生了许多新的门类。

澄江帽天山的发现显示，各种各样的动物在这个“寒武纪生命大爆发”的时期迅速起源，立即出现。现在生活在地球上的各个动物门类的祖先，几乎都“同时”出现在“前寒武纪”和“寒武纪”的海洋里，而不是经过长时间的演化慢慢演变而来。这一事实，将动物多样性的历史前推到了“前寒武纪”和“寒武纪”早期，标志着原始的生命形态在经过 30 多亿年的准备之后，积累的能量和无穷的创造力已经喷薄而出。

三个地方发现的动物群生活时代接近，形成化石的地层也相似，说明那个时候它们的生活环境是一体的，或者说这三个地方可能靠得很近，不像现在隔得这样遥远。但是，在“寒武纪”前后这几千万年的历史长河中，三个时期不同阶段的动物演化也并不完全连续，它们中的大部分种类并没有相互延续的关系。有的动物种类灭绝了，更多的动物种类又产生了。说明那个时候地球的表面也处在不断变化的过程里，地壳慢慢变厚，陆地冒出水面，而后又沉入海洋。

所以，从“寒武纪”开始，地球生命演化的历史翻开了全新的篇章。

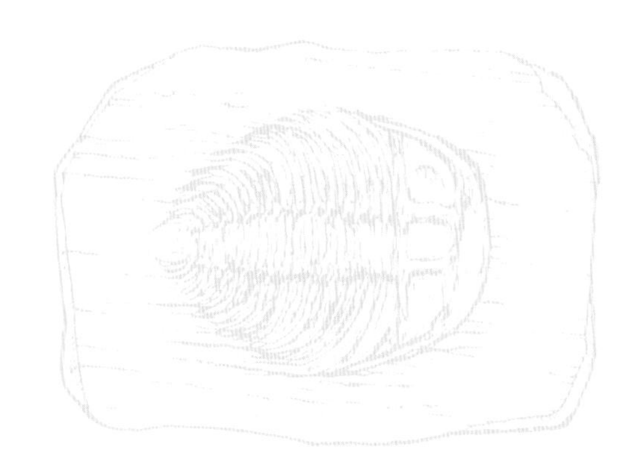

23

三叶虫的世界

三叶虫的出现，是“寒武纪”开始的标志，同时也是“早古生代”开始的标志。

“寒武纪”早期，在最早的陆地、海岛周围的浅海，容易集聚泥质的沉积页岩。那个时候气候温暖，海水里的矿物质十分丰富，水母、蠕虫、节肢动物、多门类的海栖动物和藻类大量出现。它们突然被水流或者其他意外涌来的泥质沉积物掩埋，大规模集体死亡。因为隔绝了空气，在不再遭受外界破坏的条件下，天长日久便成了化石，并保存在沉积页岩中。一次次的泥流事件，一次次的泥沙沉积，在世界的很多地方都留下了厚厚的沉积页岩和保留在其中的动植物化石。在“寒武纪”的沉积页岩里，最容易找到的，便是三叶虫化石。

小贴士

三叶虫是人们在化石里发现最多的动物之一。所以人们对三叶虫的研究也最深入。按照动物分类学，科学家们把三叶虫专门列为一个纲，下面分为 10 个目，总计有 1500 多个属，17000 多个种。它们分布于地球的各个陆地。

三叶虫的样子很奇特，身体的背壳正中突起、两肋低平，形成纵列的三部分，因此名为三叶虫。从背部看去，三叶虫呈卵圆形或椭圆形，外壳坚硬。

三叶虫是最有代表性的远古动物，在“寒武纪”早期伴随着小壳动物群出现在海洋里，它们具有很好的适应环境的生存方式：有些种类的三叶虫喜欢游泳，有些种类喜欢在水面上漂浮，有些喜欢在海底爬行，还有些习惯于钻在泥沙中生活……它们占据了不同的生态空间。小壳动物群主要是指软舌螺、腹足类、单板类、喙壳类和分类位置不明的一大批个体仅 1 ~ 2 毫米的微小动物、低等软体动物等，当时的海洋条件已经适合它们生存，这些动物给三叶虫带来了丰富的食物来源。

三叶虫出现在“寒武纪”早期。在“寒武系”地层中已经发现的动物化石有 2500 多种，三叶虫占了近 70%，其他是腕足类，无脊椎动物。在那时的海洋中，三叶虫还没有遇到强有力的竞争对手，因此它们生活自由，发展迅速，整个“寒武纪”的海洋成了三叶虫的世界。它们在距今 5.2 亿至 4.4 亿年时发展到顶峰，后来又与其他无脊椎动物共同生存了很长时间，

>> 如果这些“寒武纪”化石里的动物复活，
它们的模样也是很奇怪的

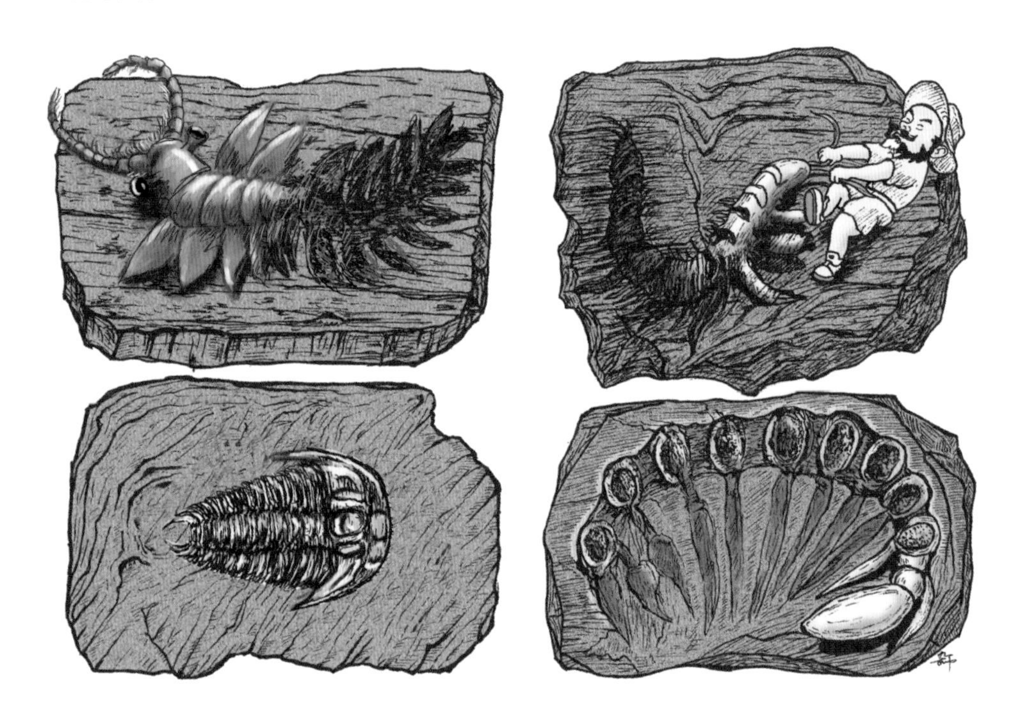

数量才逐渐减少。直到 2.52 亿年前的“二叠纪”晚期，才完全灭绝。

三叶虫是地球上已知的生存时间最长的动物。前后在地球上生存了约 2.89 亿年，是人类从猿类开始分化到现在为止生存时间的 40 倍。可见它们生命力的强大。在漫长的时间长河中，三叶虫演化出了 17000 多个种类，体型有的长达 70 厘米，有的只有 2 毫米。到现在，还有新的种类的三叶虫化石被不断地发现。

在澄江帽天山、澳大利亚埃迪卡拉、加拿大布尔吉斯发现的那些化石里的远古动物，不仅逃过了泥沙掩埋的天灾，还逃过了三叶虫的口腹，能够被它们后面的“人”看到，实在是非常的幸运。

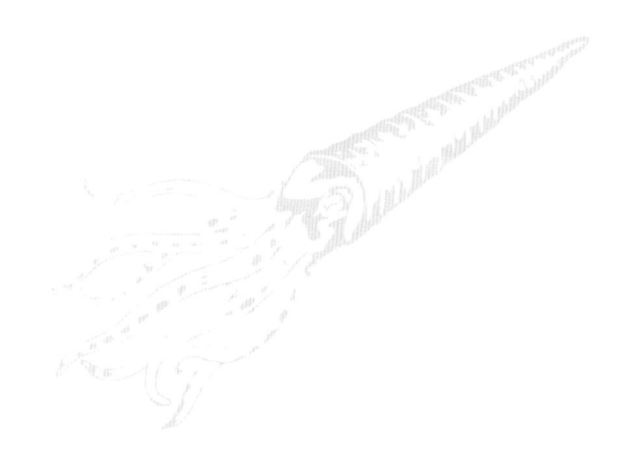

24

“奥陶纪”：没有“大灭绝”，而是“大灾难”

过去，提起地球往事里那些曾经发生过的生命大规模灾难事件，人们往往用“毁灭”这个词。实际上，每一次事件过后，人们发现地球生命并没有完全“毁灭”，而是一部分消失了，另一部分却保存了下来，不但保存下来，还继续进行着新的演化。

所以，在我们这本书里，把那些灾难称为“地球生命生存大灾难”。

“奥陶”“志留”的名称都来源于英格兰。1835 年，科学家在东南威尔士地区一个名叫“志留”的古代部族居住地发现了一套地层，地层中发现了大量的无脊椎动物、笔石及珊瑚化石，说明这些生命是生活在一个和以往不同的时代。科学家就把这套地层命名为“志留系”。此后，科学家们在英格兰的北部，又发现了和“志留系”不一样的特殊岩层。这套岩层可能来自于一个特殊的历史时期。于是，1879 年，科学家就按照发现地的名称，把这套地层命名为“奥陶系”。“奥陶纪”经历了 4200 万年。

把“奥陶纪”看作是海洋的世界一点也不为过。

罗迪尼亚大陆从元古宙中期开始分离。分离出来的 “冈瓦纳大陆”是主要的地块，“冈瓦纳大陆”在南极、赤道一带漂移。另外两块较大的陆地叫作“劳伦大陆”和“波罗的次大陆”，它们慢慢地向赤道以北漂移。一些零星的陆地，像岛屿一样，分散在这三块大的陆地周围。由于海平面的上升，陆地的面积不仅没有扩大，反而比“元古宙”时减少。

“奥陶纪”的重大事件之一，就是全新的海生动物的出现。

“奥陶纪”时，海平面比现在的高 400 米，温暖的海水遍布全球，靠近陆地的地方有大片的浅海。“前寒武纪”生命大爆发的代表性动物几乎全部消失，取而代之的是更为活跃、强大、种类更为丰富的动物群。它们在大海里迅速繁衍。珊瑚出现了，作为造岩生物，各个种类的珊瑚大量繁殖，在海洋里堆砌了大量的珊瑚岛礁和珊瑚岩层。海洋里最凶猛的食肉动物、直角石类的直壳鹦鹉螺也出现了。水里丰富的软体动物、螺类动物为它们提供了食物。鹦鹉螺体型巨大，可达 1 米以上，它们横行大海，几乎没有对手。生存的竞争迫使三叶虫在胸部、尾部发育出许多针刺，以抵御食肉动物们的袭击。儒勒 · 凡尔纳也许是受到“奥陶纪”的启示，才在他的《海底两万里》一书里，把尼摩船长的潜水艇取名为“鹦鹉螺号”。

“奥陶纪”的另一个重大事件，就是第一次“地球生命生存大灾难”。地球生命的第一场生存大灾难发生在距今 4.45 亿年前，也就是“奥陶纪”

>> “奥陶纪”的鹦鹉螺体型巨大，可以有 1 米以上，它们自由地横行在大海里，几乎没有碰到过对手

的晚期，持续了数百万年。由于大气中二氧化碳和氧气比例的变化，引起了又一次的温室效应，之后又一次冰期开始，浅海被冻结，冰川到处流淌。大量海洋生物的生活环境被破坏，60% 的物种灭绝。只有少数深海动物得以幸存，包括三叶虫。今天，在撒哈拉沙漠的腹地、布列塔尼的克罗松半岛，还可以看到这次冰期留下的冰川擦痕。

小贴士

儒勒·凡尔纳（1828-1905），世界著名的科幻小说作家，法国人。凡尔纳一生创作了大量的优秀科幻小说，以《在已知和未知的世界中的奇异旅行》为作品的总书名。代表作为《格兰特船长的儿女》《海底两万里》《神秘岛》三部曲，以及《气球上的五星期》《地心游记》等。他的作品对科幻文学流派有着重要的影响，在全世界有着广泛的读者。儒勒·凡尔纳被称作“科幻小说之父”，他的作品，对我的学习、工作影响深远。

也有科学家认为，是伽马射线造成了这次灾难，在距今4.45亿年前的某一天，一束来自6000光年的中子星发出的伽马射线扫过了地球，破坏了大气层和臭氧层，太阳的紫外线直接照射到地球，杀死了大量的浮游生物，破坏了食物链，致使无数种类多、分布广、看起来强大有力的物种消失了。但是，一些在“奥陶纪”出现的动物并没有消亡，而是一直延续到“中生代”，比如珊瑚、海绵动物、鹦鹉螺。

不管怎样，灾难过后，一切重新开始，到了“志留纪”，地球又迎来了新的时代。

25

加里东的造山

“早古生代”后期，是造山运动的高潮期。“奥陶纪”的又一个重要事件，就是陆地山脉的出现。

“加里东”并不是一个人的名字。“奥陶纪”晚期，虽然冰封大地，地球又成了白色星球，但是地质作用一刻也没有停止。地幔物质在对流，地壳慢慢地膨胀，板块也仍然在活动，从“寒武纪”开始，原来平坦的地壳表面因为水平运动互相挤压，分散的大陆也在逐渐拼合，在挤压和拼合的连接部，形成了许多皱纹。这些皱纹高出的部分，就是连绵的山脉。这种挤压和拼合形成的力量，就成了造山运动。造山运动改变了地球表面的形象，对地球的演化、海陆的交替造成了重大影响。在“早古生代”时期，地球上发生的这次造山运动，科学家们称为“加里东运动”。

>> 美洲、欧洲现在大致的地理格局，
在早“古生代”时就已形成

19 世纪末期，科学家们在英格兰的加里东地区观察到，从爱尔兰、苏格兰，一直到斯堪的纳维亚半岛，是一片起伏不定的连续的褶皱山脉，岩石的变质程度很高。连续的山脉就好像一块平放在桌子上的布，被人从两头向中间挤压。加里东山脉是一次经历了亿万年的地质作用的杰作，是一次典型的造山运动的结果。科学家以这座山的名字“加里东”，来称呼这次造山运动。

科学家们认定，“加里东运动”发生在“早古生代”。从“寒武纪”开始，“奥陶纪”达到高峰。后来又经历了“泥盆纪”，一直延续到了晚“古生代”的“石炭纪”。

这次造山运动，使地层形成的褶皱冒出了水面，扩大了陆地面积，降低了海平面，使地球表面的浅海面积缩小。

造山运动使位于南极的“冈瓦纳大陆”不断扩大，赤道以北的“劳伦大陆”和“波罗的次大陆”也在慢慢拼合。1 亿多年以后，“劳伦大陆”和“波罗的次大陆”组合成了地球北半部最大的陆地——“劳亚大陆”。“劳亚大陆”和“冈瓦纳大陆”遥遥对应。在两块大陆之间，则是茫茫的“古特提斯海”，也称为“古地中海”。其他的一些地台或者板块，也受“加里东运动”的影响而发生着变化。

陆地面积的扩大，必将影响水里生命的演化，因此开始了一个新的时代。

小贴士

2300 多年前，古希腊学者柏拉图曾描述过，大西洋中有一块神秘的陆地，在“早古生代”的时候从大海里浮出来，就是“大西洲”。此后，一直流传着有关 “大西洲”的传说。这块传说中的陆地位于直布罗陀海峡外海的大西洋中，面积比非洲还大。在那里，曾经居住着很强盛的部族，有过高度的文明。在一个不幸之夜，不知什么原因，“大西洲”突然在大海中消失了。有许多人曾试图从地质学和历史遗迹方面对“大西洲”存在的可能性进行考证，一直想从大西洋洋底发掘到“大西洲”的遗迹，但迄今为止，“大西洲”依然是一桩难解的悬案。

依托着加里东运动，地壳抬升，海水退出，阿巴拉契亚山系、科迪勒拉山系，以及乌拉尔山系慢慢从海洋里诞生了。今天，美洲、欧洲大致的地理格局，在“早古生代”时就已形成。

“古生代”时，非洲大陆的基底产生，并且和大西洲连在一起，但是，大西洲是后来又沉入了海洋，还是从来没有成为陆地，一直是人们感兴趣的问题。

26

最初的绿色

演化的力量悄然改变着世界。从海洋蔓延到陆地的植物不断生长，鱼类在演化，陆生动物群开始出现在地球上。这些，是“志留纪”的主要事件。

“志留纪”是“古生代”最短的时期，时间跨度仅2400万年。在整个“志留纪”中，地球都在努力恢复被“奥陶纪”末大灾难重创的生态系统。极地的冰川在融化，海平面大幅度上升。经过了上千万年的挣扎，海洋终于从“奥陶纪”晚期的大灾难事件中缓过气来。气候趋于稳定，环境逐渐恢复。到了“志留纪”末期，海洋动物的种类和数量终于追平了“奥陶纪”的最高水平。从这个角度来讲，“志留纪”是生命的一场历时2400万年的漫长复苏。

“志留纪”时，有两类划时代的生命类型出现了，那就是陆生维管植

物和有颌鱼类。“志留纪”出现的这两种全新的演化成就，塑造了之后4亿年的地球景观和演化历程。

“志留纪”之前，生命一直在水里，陆地表面没有任何生机。裸露的岩石使地表的景观类似于今天的大荒漠。但到了“志留纪”，植物慢慢地爬上了陆地，地衣、苔藓发育出了根须和纤维。地表岩石的凸凹不平处，出现了地球上的第一抹绿色。

生存竞争无处不在，对动物来说，争夺的是食物、配偶和栖息地，而对植物来说，阳光则是最重要的生存资源。当水边的湿地挤满了各种苔藓后，那些稍微高大一点的植物就可以伸展到竞争者的上方，拦截光线。在阳光争夺战的推动下，有利于长高的变异种类代代累积，最终造就了一类全新的陆生植物——维管植物。

“志留纪”以前，在光线充足的浅海和淡水中，种类众多的多细胞藻类已经非常繁盛，这些植物的结构更加复杂，出现了类似根、茎、叶的分化，可以固定植株、舒展身体、最大限度地接受阳光，并在水下成长为茂密繁荣的丛林。许多苔藓和地衣抢先登上了陆地，蕨类植物也迅速蔓延开来，使那些最早露出水面的山峦，开始有了一点绿色。

陆地上最早的植物是十分简单的，只有根和须，以及原始的茎秆。只要有水、二氧化碳和阳光，它们就能自给自足。后来，厚壁细胞脉络组成了植物最原始的维管组织。维管组织把水分、无机盐和营养输送到整株植

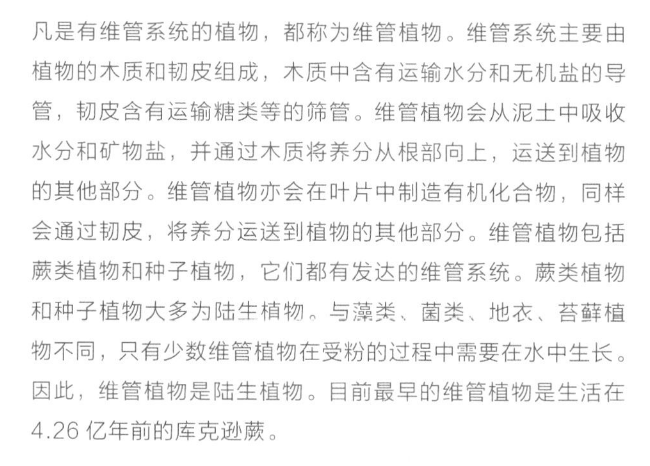

小贴士

凡是有维管系统的植物，都称为维管植物。维管系统主要由植物的木质和韧皮组成，木质中含有运输水分和无机盐的导管，韧皮含有运输糖类等的筛管。维管植物会从泥土中吸收水分和矿物盐，并通过木质将养分从根部向上，运送到植物的其他部分。维管植物亦会在叶片中制造有机化合物，同样会通过韧皮，将养分运送到植物的其他部分。维管植物包括蕨类植物和种子植物，它们都有发达的维管系统。蕨类植物和种子植物大多为陆生植物。与藻类、菌类、地衣、苔藓植物不同，只有少数维管植物在受粉的过程中需要在水中生长。因此，维管植物是陆生植物。目前最早的维管植物是生活在4.26亿年前的库克逊蕨。

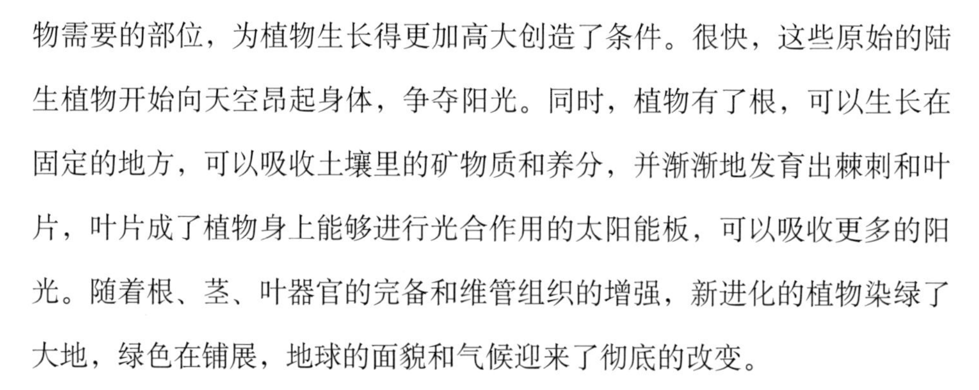

物需要的部位，为植物生长得更加高大创造了条件。很快，这些原始的陆生植物开始向天空昂起身体，争夺阳光。同时，植物有了根，可以生长在固定的地方，可以吸收土壤里的矿物质和养分，并渐渐地发育出棘刺和叶片，叶片成了植物身上能够进行光合作用的太阳能板，可以吸收更多的阳光。随着根、茎、叶器官的完备和维管组织的增强，新进化的植物染绿了大地，绿色在铺展，地球的面貌和气候迎来了彻底的改变。

“志留纪”的登陆先锋——各种蓬勃生长的陆地植物，还开始为各种陆地生命，创造出一个全新的生存基础——土壤。土壤并不是一堆砂石碎屑和生物残骸，是活生生的生命系统。健康的土壤会呼吸，会成长，会积

>> “志留纪”海洋里的菊石、珊瑚、海百合、笔石和腕足动物，把自己变成了化石，保存在同时代的地层档案里

蓄养分和能量，并与各种生命形态交流互动。在植物登陆之前，地表只有裸露的岩层。土壤的主体是由风化的碎屑、崩解的岩石构成的颗粒粉末，它们被雨水冲刷携带，填充在地表的低洼处。有的进入水体，最终被运送到海洋。

在河湖沿岸的缝隙间残存的颗粒粉末，成为苔藓植物生长的依托。植物的根须贯穿到土壤，和土壤交换着气体和养分。那些枯萎倒伏的植物再度混入土壤，经过微生物的分解，植物残体形成了腐殖质。腐殖质彻底改

变了土壤的特性。这些黑褐色的松软物质缓慢地分解，释放出二氧化碳和氮、磷、钾、硫等元素，为土壤带来了宝贵的无机和有机养分，又促进了植物的生长。

就这样，空旷裸露的海床，再次被茂密的藻丛、珊瑚礁和海百合花田覆盖，浅海的生态系统加速恢复。陆地上的绿色植被和肥沃的土壤成了新生命四通八达的藏身之所和充足的食物来源。动物的进化加快了脚步。

27

陌生的板足鲎

板足鲎一定是大家都不太熟悉的动物。不过，你可能在海鲜市场看到过它的近亲。一些人把这种近亲称为“三刺鲎”“海怪”。它的长相既像虾又像蟹，因此人们又称它为“马蹄蟹”。它们的总称是“鲎”。“鲎”是一类与三叶虫同样古老的动物。

“志留纪”是海洋节肢动物的极盛时期。古老的三叶虫，在“奥陶纪”晚期的“地球生物生存大灾难”中受到沉重打击，许多种类消失了。而节肢动物的甲壳类和螯肢类则迅速发展，不但全面替代了三叶虫的生态位置，而且演化出更加多样的生存模式。在这一时期，地球上最耀眼的生物是凶猛的板足鲎类。

板足鲎看起来既像蝎子，又像三叶虫，但是它们和蝎子或者三叶虫是

>> 板足鲎一定很奇怪，4 亿多年后，这些两条腿的怪物怎么对自己这么感兴趣？

完全不同的类型。板足鲎的身体分头胸部和腹部。头部由六个体节组成，腹面有六对附肢，板状的尾部上下摆动，用来游泳。

在科幻电影中，变形的板足鲎常常被描绘成凶猛魔鬼的化身。在“志留纪”的海洋里，板足鲎不但战胜了老对手鹦鹉螺，成为水中霸主，更在之后的“泥盆纪”和“石炭纪”进入淡水，涉足刚刚成型的陆地生态系统，登上了所有食物链的顶端。

“志留纪”和“泥盆纪”是板足鲎的鼎盛时期，也是节肢动物最后一次布满地球的时期。以板足鲎为代表的节肢动物，达到了体型和力量进化的极限。这时地球上的鱼类开始繁盛，说明生物进化开始进入脊椎动物时代。鱼没有外骨骼和定期蜕皮的限制，很快演化出强有力的、可以自由咬合的上下颌骨，成为可以张嘴咬食、凶猛捕杀其他动物的掠食者。很快，板足鲎这类装甲巨虫被食鱼类消灭殆尽。4 亿年后，坚守在海洋中的板足鲎类动物，只剩下了瘦骨嶙峋的海蜘蛛和剑尾鲎等寥寥几个种类，躲藏在海底岩石的缝隙里，追忆着往日曾经的辉煌。

在重归繁荣的“志留纪”海洋中，菊石、珊瑚、海百合、笔石和腕足动物是最繁盛的族群。腕足类动物种群，在大灾难过后得到迅速的恢复和发展，成为海洋底栖生物的主体。笔石也是“志留纪”里最活跃的海洋动物。三叶虫和甲壳动物在海洋中游曳，扮演初级消费者的角色。不过，它们的数量和种类已经发生了变化。元气大伤的三叶虫再也没能恢复往昔的繁盛，有时还成为其他动物的美食，于是，不得不把越来越多的生态空间让给日趋兴盛的甲壳动物。

经过几亿年的时间，不断进化的鱼类已经可以慢慢地离开海水、踏上陆地了。在亚洲板块的“泥盆纪”地层里，发现了大量的鱼类化石，其中有一种称为“总鳍类”的鱼，长着像脚一样的鳍，它们可以在海底爬行，也可以爬到陆地。最早的昆虫和蜘蛛类节肢动物也出现了，地球表面又慢慢地热闹起来。

地球生命圈又一次迎来了全面的繁荣。

28

细菌制造矿物

你听说过“海底黑烟囱”这个词吗？“海底黑烟囱”是科学家们在近代发现的。这个发现彻底改变了人们对硫化矿物的形成，以及生命对能量利用的传统认识。

在新生的大洋，地壳还在固化过程中，温度较高。板块的移动和碰撞产生了许多地层里的裂隙。在海底，海水沿着裂隙向地球深处渗透，渗透的长度可达几千米，甚至几十千米。而来自地幔的岩浆则沿着这些裂隙，以与水流相反的方向向地表涌出。海水与岩浆在水里混合，海水被加热至250～450℃，溶解了周围岩石中大量的矿物质，特别是金属元素及它们的硫化物。这些富含硫化物的海水沿着裂隙对流，上升并在海底喷发。当热液从地壳喷出时，由于热液与海水成分及温度的差异，混合后的热液形成了浓密的、像黑色烟雾一样的喷发水体，这些水体被叫作黑烟。喷发黑烟的喷溢口自然就被叫作“黑烟囱”。

由于物理和化学条件的改变，黑烟里含有多种金属元素的矿物从热液里分解出来，冷却后在海底及浅部通道内堆积，成了硫化物颗粒，这就是金、铜、锌、铅、汞、锰、银等多种金属矿物产生的方式之一。这些堆积物在海底喷溢口的周围沉淀、变厚、加高，形成的样子也像烟囱。

地球上大部分的“黑烟囱”，都是在“志留纪”时期形成的。

在“黑烟囱”周围，那些富含硫化物的高温热液活动区，还生活着一种特殊的细菌——“硫细菌”。“硫细菌”可以生活在高温的环境里，通过光能或者化学能取得营养，并将富含硫化物的海水里的硫元素还原成硫黄或硫酸，促进矿物的生成。“硫细菌”的作用，是自然界中硫元素循环不可缺少的。所以，“硫细菌”

是生物成矿的主要工具之一。

在“志留纪”里，气候变得温和，那些休眠中的细胞和孢子很快恢复活力，生长繁殖。无数微小的单细胞藻类又一次密布在海洋的上层。它们庞大的数量、微小的体形和强大的繁殖能力，能够固定能量、制造营养，帮助海洋动物度过“奥陶纪”末的灾变。它们同时还充当着水母、珊瑚、甲壳类、牙形动物等动物的食物，把物质和能量源源不断地输送到食物链的下一级，为海洋生命的下一轮繁盛准备了条件。而海洋里笔石、腕足动物、双壳类动物的全面恢复和发展，标志着浮游生态系统全面地复苏了。

与此同时，地球还以一种更加宏大的方式，将这些微小生物进行转化，尤其是那些没有硬质结构的浮游生物。当死去的浮游生物的残体和没有被微生物分解的碎屑沉入海底、埋入地下时，它们形成了富含碳元素的有机层。这些新的有机层不断沉积、叠加，积聚了地壳深处的巨大压力和能量。其后经过漫长的化学变质，这些除去了外壳的

>> 海底黑烟囱。其熔炉是奔腾着滚烫岩浆的水下地层

>> 以生物的演化和矿物的演化为标志，地球从“志留纪”进入到了“泥盆纪”

微小生物躯体，最终转化成甲烷气体和复杂的高分子混合物，蕴藏和密封在不渗透的岩层之间。最后经过长时间的积累，这些有机质的化学能量就转化成石油和天然气。当石油和天然气都达到非常可观的数量时，大型的油气田就产生了。

所以，生物的演化和矿物的演化是密切相关、相辅相成的。以生物的演化和矿物的演化为标志，我们穿越到了“泥盆纪”。“古生代”的第二个阶段开始了，地球历史掀开了新的一页。

第四辑

灾难和新生

29

植物生命大爆发

“志留纪”结束了“早古生代”历史，我们穿越到 “晚古生代”。“晚古生代”从距今4.19亿年到距今2.52亿年，经历了1.67亿年，比“早古生代”的时间更长一些。

“晚古生代”经历了3个纪，它们从老到新，分别是“泥盆纪”“石炭纪”和“二叠纪”。“泥盆纪”历时6100万年，“石炭纪”历时5900万年，“二叠纪”历时4700万年。在“晚古生代”的1.67亿年里，大地披上了绿装，地球发生了许多非常有趣的变化。

地球上的植物，最初以原始形态出现在海水中。“元古代”以前，从海水中抬升起来的大大小小的陆地上并没有植物，到处都是光秃秃的岩石。到“元古代”，海水中的藻类空前繁盛。“早古生代”时，“加里东运动”

>> 蕨类是最早从海里延伸到陆地的移民先锋。随之而来的，是“泥盆纪”的“植物生命大爆发”。陆地披上了绿色新装

使海洋面积缩小、陆地扩大，出现了大面积的低湿平原、洼地和湖泊，为植物走上陆地准备了条件。

最早由海里延伸到陆地的植物是蕨类。“志留纪”时，海洋里出现了一种叫作“裸蕨”的植物，这种蕨没有叶子，只有枝的分叉。它们逐渐从海里生长到陆地，在“泥盆纪”时达到全盛。所以，“泥盆纪”又被称为“裸蕨时代”。但是，到了“泥盆纪”晚期，裸蕨却完全绝灭了，一些比裸蕨更高等的植物出现在陆地上。

到了“石炭纪”“二叠纪”，石松类、节蕨类、种子蕨类、羊齿类等植物全面繁盛，甚至还有科达树、芦木、鳞木等高大的植物出现。各种植物从滨海延伸到内陆，陆地出现了万木参天、郁郁葱葱的景象。“石炭纪”“二叠纪”又称为“蕨类时代”。这个时期的植物组成了茂密的森林。由于地壳的下降和流水的冲刷，森林常常被掩埋；而随着地壳的上升，原来被掩埋的地方又长出了新的森林。这样周而复始，被掩埋的森林慢慢形成了煤，片片相连，就成了煤层。“石炭纪”“二叠纪”是地球历史上最重要的成煤时代。找到了这两套地层，就有可能找到煤。

如果可以选择快退的模式，俯瞰“泥盆纪”时代的地球，你就会看到，继承自“志留纪”的绿色，已经在大地上快速地全面蔓延开来。

植物对阳光的争夺就如同动物对食物的争夺一样。“泥盆纪”的陆生

植物也迎来了多样化的高潮。植物开始演化出叶片，作为专门的光合作用器官；植物的维管组织进一步发育，长成木质纤维，支撑了植物的直立生长。有了木质秆茎的支撑，植物叶片可以尽情地向四面八方延伸，贪婪地吮吸着每一寸阳光。地球上第一次出现了挺拔的树木。

河湖、沼泽和平原湿润的地表上，完全被各种高 10 米到 20 米的有胚植物、楔叶植物、石松类植物所覆盖，它们形成大片丛林。这些初代巨人拥有发达的根系、强韧的枝干和完善的输导系统，和早期植物相比，高大的乔木抵御不良环境的能力更强。它们可以在远离水系的平原和山地上成片生长，固定能量、制造土壤、涵养水源，为早期的陆地生命开拓出大块的生存疆域。

高大的乔木伸展枝干，奋力向上方发展，争夺有限的阳光。而经过树冠的遮挡，射入丛林下方的太阳光变得柔和，植物群落水汽蒸腾、温度稳定，非常适合苔藓、地衣和草本蕨类的生长。

为了更有效地吸收阳光，各种光合植物发育出扁平的受光枝叶，尽力扩大采光面积。藻类依靠水的浮力，可以生长出宽阔的藻体；苔藓由于没有维管结构，叶状体只能在地表匍匐；各种低矮的陆生植物也随着森林的扩张分布到全球。于是，陆地上的植物群落从平面迅速繁衍成立体。植物的结构也更加复杂，更加适应干燥的环境和强烈的阳光。在“泥盆纪”初期的 1000 多万年里，植物从河湖沿岸拓展到了干燥的内陆。生物出现了丰富多彩、欣欣向荣的景象。

花粉出现了。花粉和种子不但改变了植物的演化进程，而且推进了陆地生态系统的发展。花粉的传播为动植物的协同演化提供了帮助。用种子

>> 在“泥盆纪”初期的 1000 多万年里，植物从河湖沿岸拓展到了干燥的内陆。大地慢慢地被染成了绿色

繁殖的裸子植物迅速布满全球。而营养丰富的种子又成为动物的理想食物。

这就是“泥盆纪”时出现的“植物生命大爆发”。

在“泥盆纪”的6100万年间，绿色植物在陆地上蓬勃发展，整个地表仿佛成了一块超大型的光伏电池板，源源不断地把照射到地球上的太阳能储存起来。大气中的氧气含量迅速升高。遇到熔岩喷发、大气放电，或者烈日炙烤，干涸的植物就会燃起大火。地面上的植被被摧毁殆尽，但厚实湿润的土壤可以隔绝燃烧，保护植物的地下部分。当火焰熄灭，地表冷却，地下密布的根茎又会萌发出新的枝芽，枝芽拱破地面，重生出茂密的丛林。火焰杀死了土壤和朽木中的致病菌、寄生虫，撒下厚厚的草木灰烬，在一片焦土上，新一代丛林开始孕育。地表的灰烬可以提供植物生长所需的钾、镁和其他微量元素，促进了土壤生态系统的演化。

周期性的野火是陆地植被更新换代的重要推动力量，甚至是许多植物生命周期中不可或缺的组成部分。

“泥盆纪”期间频发的大火推动了全球气候的改变。富含微量元素的浓烟和灰烬被风力和雨水携带，汇入水体，刺激了藻类的旺盛生长，而藻类则制造出更多的氧气，吸收更多的二氧化碳。如此循环不息，使大气中的氧气含量持续升高，最终造就了地球历史上含氧量最高的大气，催生出巨型的陆生节肢动物。

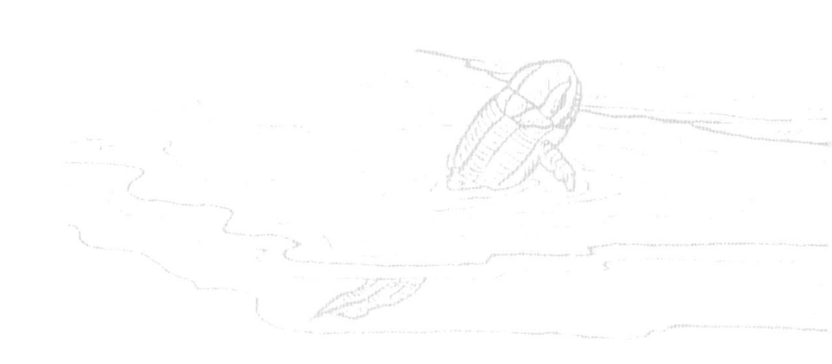

30
鱼的时代

在“泥盆纪”，原始两栖类动物从水里登上的，是一个苍翠茂密的新世界。“泥盆纪”中期，陆地和淡水生态系统已经发育完善，溪流汇聚成江河湖泊，最后注入海洋。纵横蜿蜒的水体是生物活动的家园。与此同时，动物的运动能力也有了空前的提高。无论是游荡在上层水体的鱼类，还是在海底爬行的节肢动物，许多种类都拥有了足够的速度、耐力和智力，可以完成长距离的跋涉。

“泥盆纪”被称为鱼类时代，进化了1亿多年的脊索动物终于跃升为地球舞台上的主角。

在“泥盆纪”的海洋和淡水中，游荡着种类繁多、形态各异的鱼形动物。“鱼类时代”可以分成泾渭分明的两个阶段。在“泥盆纪”早期，不能咬合、

小贴士

鱼类是地球上最古老的脊椎动物。它们漫长的演化史，展示了原始脊椎动物从低等向高等的质的飞跃过程。鱼类的发展、演化提出了脊椎动物进化的明显脉络。所以，大部分科学家认为，一切高等动物，包括两栖类、爬行类、鸟类、哺乳类，甚至我们人类自身都是在此基础上发展而来的。最早的鱼出现在"寒武纪"，"泥盆纪"是鱼的极盛时期，各种鱼类当时都已出现。将近 3 亿年后，到了新生代，鱼类进化成为脊椎动物中最大的种群，进入了发展史中的全盛期。

缺乏高效自卫武器的无颌鱼类达到了鼎盛，而属于甲胄鱼类的几大主要类群——骨甲鱼类、盔甲鱼类、花鳞鱼类和异甲鱼类出尽风头。随后，凶猛强壮的有颌鱼类崛起，它们凭借有力的下颚和锋利的牙齿，把海洋和淡水变成了竞相追逐撕咬的猎场，不但彻底粉碎了板足鲎的统治，也把那些温和笨重的无颌类近亲捕杀殆尽，彻底终结了无脊椎动物的黄金时代。只有极少数特化的无颌类残存下来，成为现代圆口纲动物的祖先。

除了鱼类，腹足类、腕足类和棘皮类动物也活跃在"泥盆纪"的海洋里。腕足动物在"泥盆纪"迎来了第二波大繁盛。海洋中随处可见石燕贝、鸮头贝，它们东一丛西一簇地附着在礁石表面，纠缠在珊瑚和苔藓虫之间，或者躺卧在海底泥沙上。

角石类和板足鲎这一对老对手在"泥盆纪"双双衰落。板足鲎最终在有颌鱼类的凌厉攻势下销声匿迹；而角石类则被演化程度更高的近亲——菊石取代，一个新的种类出现了。菊石在随后的 3 亿多年里成为头足类中最繁盛的类群。

菊石是外壳类头足动物演化的巅峰。它和鹦鹉螺一样，有着锥形、角形或螺旋形的外壳，贝壳内部有被分隔成的独立的气室，为壳体游动提供浮力。它们的软体栖居在最靠近壳口的体室内。早期的菊石和有颌鱼类在开阔的水域穿梭追逐，展开全方位的竞争，双方都演化出更加庞大的体形、更强的力量、更快的速度、更发达的感官和神经系统，以及更复杂的行为。

菊石在“晚古生代”进入繁盛期。菊石和其他各种尺寸、形状的头足动物自由地畅游在全球海洋中。它们和有颌鱼类一道，改变着海洋生态系统的面貌，使自由游泳的海洋动物种类迅速增加，并延续着和脊索动物长达数亿年的缠斗。

>> “泥盆纪”是一个生物繁盛的时代，生物的种类和数量都达到了空前的规模

进入“泥盆纪”晚期，地球生物的命运迎来了一次大转折：在各个大陆的池塘湖沼中，一些肉鳍鱼类开始试探着登上充满未知的陆地，它们凭借发达的双鳍支持身体，用特化的鱼鳔呼吸空气，艰难地从干涸的泥坑里匍匐爬行到附近的水塘。还有无数似鱼非鱼、布满黏液的古怪动物拖曳着沉重的身体，挥摆着鳍肢，扭动着躯干，在浅沼泥污中艰难爬行，笨拙地穿行在水线上下。

动物在“泥盆纪”晚期登上陆地，是继脊索动物上下颌出现后的又一大里程碑事件。这些早期的水栖和半水栖脊索动物，注定要彻底改写地球生命的演化进程。它们中的某个幸运儿演化成最早的两栖类，成为所有四足动物的祖先，拉开了巨兽时代的序幕。

此外，在“泥盆纪”的森林中，一类全新的节肢动物——昆虫，也诞生了。虽然体型微小，常被忽视，但昆虫出现的意义丝毫不亚于两栖脊椎动物。在未来，昆虫将演化出动物界种类最丰富、数量最庞大、结构最复杂、行为最奇妙的一支，成为地球上最引人入胜的生命奇观。它们和四足脊椎动物一道，塑造了整个陆地生态系统。

31

第二次“地球生物生存大灾难”

就像“奥陶纪”延续了“寒武纪”的兴旺一样，“泥盆纪”也承接了“志留纪”的兴旺。进入晚“古生代”以后，生命已经蓬勃发展了1.2亿多年，生物的种类和数量都达到了空前的规模；而且无论动物还是植物，有的种类演化出前所未有的巨大体形。轰轰烈烈的“泥盆纪”生命大爆发彻底改变了地球的面貌，生物的足迹拓展到除天空外的每一个角落。

在茂密的森林深处，最早的种子悄然萌发；在肥沃的落叶层下、植物丛里，原始的昆虫蠕蠕而动；在纵横交错的湖沼水堤中，肉鳍鱼类奋力撑起身体，把清冽湿润的空气吸进鱼鳔，准备走向广袤的陆地。用不了多久，四足巨兽悠然漫步的画面也将出现在地球上。

然而，对生命来说，这个世界从来就不是平坦演化的快车道。就在“泥盆纪”进入尾声的大约3.72亿年前，在“泥盆纪”期间的“费拉斯期”和“法门期”两个较短的地质历史时期，变化无常的命运列车突然狠狠地急刹车，一连串灾变密集降临地球，生机勃勃的乐土瞬间变成了炼狱。继“奥陶纪”“地球生物生存大灾难”之后，死亡的阴影再一次笼罩了所有的地球生物。

这次，是来自宇宙深处的不速之客造访地球，拉开了第二次“地球生物生存大灾难”的序幕。与“奥陶纪”末期的那次死亡射线带来的灾难不同，这一次是几颗在星际游荡的小天体，它们被地球的引力捕获，迅速地砸向地面。这些天体和地球大气摩擦，产生的火光划过天际，未被燃尽的内核重重地坠落到地球。这次灾难，在斯堪的纳维亚半岛南端留下了一个直径52千米的撞击坑。在北美大陆上，也有同样的遗迹。

大气层、岩石圈和地幔，都承受和吸收着这些冲撞所带来的巨大能量。无数生灵的血肉之躯被卷入其中。火流星陨落之处，一切地表特征都被摧毁！瞬间产生的高温使生物、海水甚至岩石气化。冲击波迅速扩散，夷平了广阔的森林、河湖和山丘，杀灭了其中所有的动植物。

小天体撞击的能量，粉碎并掀起了部分的地壳。巨量烟尘腾空而起，弥散在大气层中。激荡的地幔物质喷涌而出，火山剧烈喷发，释放出大量的有毒气体和固体尘埃。这些微小的颗粒在空中长时间悬浮，阻挡着阳光和热量到达地面。植物的光合作用被中止，大气和海洋的温度急剧降低，残存的生命在瑟瑟发抖中再一次沉入了漫长的黑夜和严冬。

大气中的水凝结成雪花，飘洒在天地之间；冰川开始覆盖两极和高海拔地区；海洋生态系统遭到毁灭性的打击，随着大量水以冰雪的形式固定

>> “泥盆纪”大灾难前的世界。数千万年后，虽然地球生机重现，但植物和动物的模样已经完全不同了

下来，海平面下降；混乱的洋流和季风造成了气温和降水的剧烈动荡，许多河湖冰封或者干涸消失，“泥盆纪”温暖海洋中孕育的浮游生物大批大批地冻僵死亡，畅游其中的大型肉鳍鱼类几乎全部消失；食物链的断裂，诱发了物种灭绝的连锁反应，以浮游生物为食的牙形动物、笔石、珊瑚、棘皮动物、腕足动物和小型脊椎动物，纷纷在饥饿中步入灭亡；而原本就

处于衰退中的三叶虫更是雪上加霜，竹节石和甲胄鱼类从地球上彻底消失，同时消失的还有大批早期的四足动物。

除了致命的撞击，全球性的大海退以及气候的转冷都可能是这次大劫难的幕后推手。第二次的“地球生物生存大灾难”横扫了所有地表，彻底终结了“泥盆纪”，为这个高歌猛进的时代强行画上了休止符。至少 50% 的生物属、70% 的物种永远地告别了生命演化的长河，只留下一个遍体疮痍、面目全非的空旷世界。这次大灾难持续了 300 万年，带走了 75% 以上的海洋物种和 90% 以上的陆地物种。

将近 300 万年以后，弥漫在大气中的烟尘才慢慢消散，大地和海洋再一次沐浴在久违的阳光下，植物开始复苏，光合作用重新启动。然而来自太阳的能量却没能让地球变得温暖，冰川依然蔓延，海水继续退却，生态系统等待着新的形态去填补。

生物圈的萧索持续了数百万年。几百万年后，地球才呈现出新的面貌：改造过的土壤为植物的再一次繁茂准备了条件；富氧的大气和充足的氮、磷元素有助于动物肌肉、骨骼和大脑的成长。当新时代来临，动植物都将演化出更庞大的躯体、更强韧的力量，以及更复杂的行为。它们将在地球舞台上演绎出更加精彩的故事。

“泥盆纪”晚期的第二次“地球生物生存大灾难”事件，距离第一次大灾难的时间，大约是 7300 万年。

32
生物造就的地层

“石炭纪”是第一个因岩石特征命名的时代。“石炭纪”的故事始于“泥盆纪”末、第二次“地球生物生存大灾难”事件结束之后。就像一些科学家喜欢把“寒武纪”以前的时代叫作“震旦纪”一样，一些科学家喜欢把“石炭纪”一分为二，按照前后两个阶段，分别命名为“密西西比纪”和“宾夕法尼亚纪”。这显然是因为在北美洲的这两个地区，有形成于“石炭纪”的巨厚煤层。“石炭纪”最重要的事件是地球表面海洋和陆地的变化，以及植物的繁茂。

“石炭纪”是晚古生代时间跨度最长的时代，经历了5900万年。其间，“加里东”造山运动仍然在进行，一些地台、板块或者是地层，受造山运动的影响继续变化着。“加里东运动”之后，紧接着地壳上又发生了一次更为强烈的地质运动，科学家们把这次运动称为“海西运动”，也称为“华力西运动”。这次运动对地壳的影响，超过了“加里东运动”：“劳亚大陆”不断地拼合了一些小的陆块，形成更为广大、统一的大陆，并与南方的“冈瓦纳大陆”逐渐靠拢、拼合；在两片大陆之间，“古特提斯海”逐渐缩小。这个时期的陆地面积，几乎相当于半个地球的面积，而另外半个地球几乎全部被海水覆盖，成了“一半是陆地、一半是海洋”的景观；两片大陆在靠拢、拼合的过程中，伴随着剧烈的火山喷发，形成了一系列的褶皱山脉。这些山脉就是后来美洲、欧洲以及非洲一些山脉的雏形。

小贴士

欧洲中部有一座叫海西的山，这里有一大片形成于“泥盆纪”到“石炭纪”的褶皱—断裂带，从浅海向大陆伸展，广布在中欧宽广的陆地上。于是，人们根据海西山的名字，把这片褶皱—断裂带称为“海西褶皱”，也称为“华力西褶皱”。造成这次褶皱—断裂的，是沿地壳水平方向挤压的地质力量。这次构造运动，被称为“海西运动”或者“华力西运动”。从“泥盆纪”开始，“海西运动”使地球的海陆格局发生了巨大的变化。运动使北美东部、欧亚交界处、中亚哈萨克斯坦，以及亚洲的中西部形成了一长串的褶皱，这些褶皱后来成为了山脉——阿巴拉契亚山脉、乌拉尔山脉、阿尔泰山脉、天山山脉、祁连山山脉、秦岭山脉、大兴安岭山脉等就是这样来的。“海西运动”一直延续到古生代末才结束。

地球环境的改变加速了植物和矿物的演化。“石炭纪”的气候与今天的地球气候十分相似，在极地和热带地区之间的中纬度地带气候温暖、四季分明。植物的种类不断增加，茂密的森林遍布陆地。植物在太阳能的作用下，将大气中的二氧化碳转化成有机物。植物里的有机物被深埋地下后，经过千万年的转化，成为成分复杂的坚硬固体，这就是煤。一份的煤需要二十多份的植物躯干挤压沉积，才有可能形成。今天，我们烧掉一吨煤，就等于烧掉了远古时代二十多吨的植物。

由于造山运动多数发生在大陆边缘，因此大陆腹地通常是平坦的。这些平坦地带的海拔接近海平面，会周期性地被海水淹没，在平静的环境下，堆积出巨厚的砂岩、页岩。“石炭纪”时的“古特提斯海”地处赤道附近，阳光充足，水温和暖，波浪平缓；再加上陆地上的河流注入营养，使海洋成了各种造礁生物和其他无数水中生物的乐园。它们死后，骨骼堆积、挤压，就成了钙质石灰岩。

石灰岩是生物成矿的代表。在更早时代沉积于“古特提斯海”的同类岩石，经过变质，成了大理岩。完整的大理岩可以开采出美丽的大理石。汉白玉是洁白无瑕的大理石。许多大理石作为古希腊、古罗马建筑和雕塑的材料，显示出“人类”早期的灿烂文化。海洋的沉积物还形成了钾、钠、钙、镁等盐类矿产。东欧巨大的岩盐就是在“石炭—二叠纪”期间沉积而成的。

在造山运动中，富含各种金属矿物的地下水、火山熔岩涌出地表后，会析出大量的铅、锌、铜等矿物晶体，这些矿物晶体和石灰岩结合，发生化学反应，就会析出金属硫化物，从而成为矿产。所以，在阿巴拉契亚山脉、乌拉尔山脉，以及地球上的很多“石炭纪”时期的地层里，都可以找到铅、锌、铜、银、铁、锑、铝等矿产。可以说，包括煤、石灰岩在内，“石炭纪”是生成矿产最多的地质时代。“石炭纪”时期开始的变质作用，还生成了喜马拉雅山脉南缘的“树化玉”。著名的“喀斯特地貌”也孕育于“石炭纪”的石灰岩中。

小贴士

树化玉产自青藏高原南麓，恩梅开江上游。从“石炭纪”到“白垩纪”2亿多年的漫长岁月里，大片的原始森林被剧烈的地震、滑坡、塌陷等地质作用埋葬于地底。在高压、低温并且无氧的环境下，它们的形状虽然保留了树木的原始特征，变质作用却使树木中的碳元素被周围的二氧化硅替代，这就是硅化木，也叫作木化石。一些硅化木的成分不仅被置换为二氧化硅，还加入了周围岩层中的微量元素，再经过重新结晶，转换为蛋白石、玉髓。这就是树化玉。树化玉是玉化了的硅化木。微量元素使树化玉形成了缤纷的色彩。树化玉是大自然留给人类的瑰宝奇石，对研究产出地远古时期的气象、地理、植物、动物以及地球发展历史都具有难以估量的科研价值。而树化玉一离开本土，离开它出土的地方，其科研价值就会大打折扣，仅留下观赏价值。

33
“石炭纪”的精彩

大规模的海退使陆缘海底暴露出来，淡水河在新增的陆地上纵横切割，泥沙沉积淤塞，形成大片富饶肥沃的沼泽和湿地。

最早的裸子植物分布在离水系更远的高原和山地。相对于孢子植物，用种子繁殖的裸子植物、被子植物更能适应干燥的环境。石松、节蕨、真蕨类植物茂密生长，它们比大灾难前的祖先更加高大，也更加多样。以蕨类植物为主的丛林覆盖了“石炭纪”的冲积平原，十几米甚至几十米高的蕨类巨木汇聚成遮天蔽日的雨林，绵延不绝。绿色几乎遍布地球上的每一寸土地，地球进入了葱绿时代。

植物的枝条和叶片编织成绿色的网，捕捉阳光和二氧化碳，然后用光能重组了碳和氢氧原子间的化学键，为植物制造更多的养分。高大的乔木

>> 除了巨大的动物，“石炭纪”的陆地景观与近代很像

>> “石炭纪”造就了地球历史上氧气含量最高的大气，
巨大的陆生节肢动物是今天的我们难以想象的

小贴士

“羊膜卵”的出现是脊椎动物演化史上的飞跃，为脊椎动物从海洋登上陆地创造了条件。脊椎动物的胚胎在发育过程中，有三层胚膜包围着胚胎：外层称“绒毛膜”，内层称“羊膜”，另有尿囊膜。“羊膜”中充满了液体，称“羊水”，胚胎浸在“羊水”中，免于遭受干燥和其他各种损伤，使胚胎得到很好的保护。“羊膜卵”的出现，完全解除了脊椎动物在发育过程中对水环境的依赖，使脊椎动物能够在陆地上孵化。爬行动物是最先出现“羊膜卵”的。

在枝干中囤积了木质素，提高植株的强度和韧性，支撑沉重的树冠，抵御风雨的侵袭。地球成了一座开足马力生产的光合作用工场，交换循环着氧气和二氧化碳，使大气中的氧气浓度飙升到 35% 左右，达到地球有史以来的最高值。

被“泥盆纪”大灾难事件中断的登陆工程也再次启动。这一次，先驱者们在完善了呼吸、运动和感官系统以后，终于切断了对水环境的最后依赖：它们不需要回到水中产卵，也不再经过水生的幼体阶段，而是可以在陆地上产下带着特殊保水透气外壳的“羊膜卵”，“羊膜卵”内孵化出来的幼体可以直接呼吸空气。这些长得像蜥蜴的动物是最早的有羊膜类，它们的后代将成为地球上的老大，布满海洋、陆地和天空。

有树冠层遮风挡雨，幽深湿润的林下成了陆生节肢动物的演化天堂。

>> 动物演化的新种类:“羊膜卵”爬行动物出现在“石炭纪”

蝎子、蜈蚣和新出现的蜘蛛在枯枝落叶间伸展蜷曲，自由生长。蛛形类、多足类和甲壳类动物在树干上攀缘，在倒木间穿梭。它们清理枯萎的植物和真菌。各种食肉虫互相捕食，迅速演化出新的类群。六足类实现了真正意义上的飞跃。昆虫演化出翅膀，飞上蓝天。

逐渐复苏的海洋生物，基本上继承了“泥盆纪”的类型。到了“石炭纪”，又出现了一些新的物种，海洋里的鱼类在迅速地进化，近代的鱼已经开始出现。海里还生长着一种像百合花一样的动物，最大的直径超过 1 米。人们把它叫作“海百合”。此外还有一种叫作“蜓”的单细胞生物，身长可以超过 10 厘米。

到了“石炭纪”中期，巨大的肉鳍鱼类再次成为淡水河湖的霸主，迷齿类两栖动物也毫不示弱，它们和古怪的壳椎类两栖动物占据了湿地和被洪水淹没的雨林底部。但巨型盾皮鱼类的身影永远地消失了。

“石炭纪”还有个别名，叫作“巨虫时代”。充足的食物和富氧的大气，使一些陆生节肢动物长成庞然大物，当四足动物只能在泥涂中笨拙地匍匐爬行时，蕨类雨林成了这些末代巨虫们最后的庇护所。由于植物繁茂，大气含氧量很高，“石炭纪”的陆地上，除了生活着两栖动物，昆虫演化出了更多的种类。出现了有人的头一般大小的巨型蜘蛛，长达 3 米、像蜈蚣一样的巨型“马陆”，还出现了翅膀长度超过 1 米的巨型蜻蜓。这种蜻蜓不断演化，到了“二叠纪”，翼展可以达到 1.5 米。

绵延无尽的雨林是“石炭纪”的标志。6000 万年后，地球气候开始动荡，地球上的干湿季节变得鲜明。“石炭纪”末期，出生在“劳亚大陆”“冈瓦纳大陆”上的雨林迅速萎缩、分隔，成为孤立的小块。终年湿润的雨林

>> 到了“二叠纪”，巨型蜻蜓的翼展可以达到 1.5 米

>> 绵延无尽的雨林是“石炭纪”的标志。虽然经历了“石炭纪雨林崩溃”，但大地再一次充满生机

逐渐被干湿季变化明显的季雨林取代。生物圈酝酿着天翻地覆的剧变。这一过程被科学家们称为“石炭纪雨林崩溃”。它是“石炭纪”终结的标志。这场小型灾难事件带走了大量的巨型节肢动物，把两栖动物禁锢在水系附近，为更加适应干燥环境的昆虫和羊膜动物开辟了广阔的生存空间。

地球即将迎来百兽横行的新时代。

34
最后的“古生代”

1841年,曾经命名了“泥盆系”地层,并和另一位科学家一起命名了“石炭系”地层的麦奇逊，来到了俄罗斯的乌拉尔山。他在这里发现了一套含有很多化石的黑色页岩地层，这套地层和他以前命名的石炭系地层完全不同。它们覆盖在石炭系地层上面，说明比石炭系地层更年轻。麦奇逊用附近城市的名字“波尔姆”来命名他发现的这套黑色页岩地层。几十年后，在西欧也发现了同样的一套地层。但是这套地层明显可以分为两部分，好像是两套不同的地层叠加在一起。于是，人们就把麦奇逊命名的这套地层称为“二叠系”。当然，形成“二叠系”地层的时代就是“二叠纪”。

“二叠纪”是古生代的最后一个纪,开始于2.99亿年前,结束于2.52亿年前，历时4700万年。这时，“海西运动”还未结束；“劳亚大陆”

仍在不断扩大，并与南方的“冈瓦纳大陆”逐渐靠拢；“古特提斯海”逐渐缩小；“泛大洋”正在形成；诞生了一些著名的山系：阿巴拉契亚山系、科迪勒拉山系、乌拉尔山系等。在“二叠纪”末期，“劳亚大陆”的很多部分都已露出水面，但在大陆边缘的中亚、东亚，一块叫作“杨子地台”的陆核，大部分仍然浸没在“古特提斯海”里。“杨子地台”在今高黎贡山一带，以及乌拉尔山的南部，成了冒出海面的一串群岛。高黎贡山自从“寒武纪”时出现，就一直屹立在水面上，再也没有下沉到海底。

由于统一的“联合古大陆”的形成，内陆一些地区离海洋更远，空气干燥，水分缺乏。干旱加速了地面的风化，于是，地球上首次出现了沙漠。塔克拉玛干沙漠、卡拉库姆沙漠、阿拉伯沙漠，以及阿塔卡马沙漠，都是“二叠纪”的产物。

高黎贡山处于青藏高原南麓与横断山脉西部相连的断裂带，属于印度板块和欧亚板块相碰撞的缝合线，也是著名的深大断裂河谷区。奔腾而下的怒江切割了古老的地块，使高黎贡山和怒江的垂直高差达 4000 多米。由于年代久远，高黎贡山的山体多为变质岩，下部有大面积的岩浆岩，山顶则是玄武岩。而在高黎贡山的西坡、腾冲境内则有近代火山群分布，说明现今这里的地壳活动仍较剧烈。近代的火山是否仍活跃在形成于 5 亿多年前的古老山脉中，成了一个令人感兴趣的问题！

“二叠纪”时，“劳亚大陆”和“冈瓦纳大陆”经历了强烈的火山活动和造山作用，与此同时，矿物的进化继续进行着。缓慢的海陆交替，使很多曾经是滨海的边缘部分，上升成为沼泽，并在沼泽里沉积了铝土矿、耐火的黏土和煤层。到了“二叠纪”晚期，地壳缓慢下沉，海水变深，产生了裂谷，大量的岩浆从地幔中沿着裂谷溢出，冷却后在海里堆积成厚厚的玄武岩。而一些岩石的碎屑和动物的残骸则堆积成厚厚的石灰岩。分布在地球各处的很多“石林”的原料就是在这个时期积累的。

这时地球的很多变化都与“石炭纪”一脉相承，所以，一些科学家喜欢把“石炭纪”“二叠纪”连在一起，将古生代后期这将近1亿年的阶段，叫作“石炭—二叠纪”。后来，地壳缓慢上升，海水退却，滨海区出现了大片沼泽，植物迅速繁盛，形成了大量的煤层。在深海地块里，堆积了成片的玄武岩，开始有了海底锰结核并发展成矿产。但是。玄武岩也可以被看作是“无矿标志”，因为金属分子很难在这种岩石里聚集。在一些古陆边缘地带，已经露出海面的沼泽很快又沉到水里，但沉积变质的时间不长。沼泽形成的煤层范围小，质量也不高。所以，在南亚次大陆、阿拉伯半岛、东部非洲一些地区存在少煤的状况。

35

最严重的一次“地球生物生存大灾难”

“二叠纪”时，晚古生代的生物界有了很大的变化。

裸子植物出现。它们可以通过花粉繁衍，这就使已经从海洋中露出的陆地，在气温适合的条件下，更加迅速地披上绿装。银杏、苏铁、松柏等裸子植物出现，高大的植物又为动物的繁盛、演化提供了场所。两栖动物活跃在森林边的水里。陆地上爬满了从“石炭纪”开始进化而来的爬行动物。昆虫的体型还在长大，蜻蜓的翼展达到 1.5 米。地球开始呈现出中生带的面貌。生活了 2.89 亿年的三叶虫完全绝灭，它们种类繁多，遍布全球，在地球的不同地方，都可以找到相同种类的三叶虫化石。在“二叠纪”的地层里，还很容易找到巨型蠕虫的化石。

我们已经知道，在“奥陶纪”末期和“泥盆纪”后期，地球上曾经发

>> 第三次“地球生物生存大灾难”，是地球上最严重的“生物生存大灾难”，标志着“古生代”的结束

生过两次大规模的“地球生物生存大灾难”事件，一些物种消失了。在“二叠纪”末期，发生了地球有史以来的第三次，也是规模和影响最大的一次“地球生物生存大灾难”事件。这次大灾难，使得繁衍在海洋里近 3 亿年的主要生物衰败；三叶虫、海蝎以及重要珊瑚类群全部消失；陆栖的单弓类群动物和许多爬行类种群灭绝。

此次大灾难，使 90% 以上的物种成为牺牲品，其中包括 95% 的海洋

>> 第三次“地球生物生存大灾难”
给地球带来了世界末日的情景

生物和 75% 的陆地脊椎动物。地球生态系统获得了一次最彻底的更新，为恐龙等爬行类动物的出现、演化铺平了道路。

科学家认为，第三次大规模的生物生存灾难事件，是地球从“古生代”向“中生代”转折的里程碑。其他各次生物生存大灾难所引起的海洋生物种类的下降幅度，甚至不及这次灾难的六分之一。在这次事件中灭绝的物种，人们只能在化石里看到它们的断肢残骸。当然，这次灭绝并不是在短时间内发生的，整个事件延续了 300 多万年。

是什么原因造成了这次灾难的发生？有的科学家认为是气候变化，有的认为是大陆漂移，也有的认为是火山爆发，甚至是天外星体的撞击！生存大灾难事件是客观存在的。大家最后都承认，这场生存大灾难事件是由地球上的自然变化引起的，是多种自然因素综合作用的结果。

“二叠纪”末期形成的岩石标志显示，当时部分地区气候变冷，地球两极形成了冰盖。这些巨大的白色冰盖将阳光反射回太空，进一步降低了全球气温，使陆地和海洋生物很难适应。气温的降低导致海平面下降，使海床上的辽阔煤层暴露在空气中，这个过程消耗了氧气，释放了二氧化碳，大气中的氧气含量减少，生活在陆地上的动植物因为缺氧而大规模死亡。同时，火山活动喷发出的大量气体和火山尘埃一起进入大气层，遮蔽了阳光，使全球气温进一步降低，也使氧气进一步减少。火山爆发还引燃了海底的可燃冰，释放出来的甲烷等有毒气体杀死了大半生物。另外，“联合古大陆”使地球陆地面积进一步扩大，来自海上的雨水和雾气再也无法深入内陆。于是，一些内陆地区越来越干燥，沙漠范围越来越大，无法适应干旱环境的动物也因此灭绝。

地球从诞生至今，还从来没有经历过这样的灾难。

第三次“地球生物生存大灾难”距离第二次“地球生物生存大灾难”事件大约有 1.2 亿年。

36
另一种可能

近代，人们在西伯利亚地区发现了“二叠纪”时火山猛烈喷发带到地表的大量物质。这些物质构成了“西伯利亚暗色岩”。于是，科学家们对第三次“地球生物生存大灾难”有了另一种解释。

2.6 亿年前，地球进入“二叠纪”晚期，“联合古大陆”基本成型。大陆的状况比今天简单得多：60% 的土地由茂密的林木覆盖，其余部分由贫瘠的沙漠构成。这些林木如同现今的热带雨林，物种非常丰富。

那时，爬行动物尚未成为地球的霸主，恐龙也未出现，陆地上的顶级捕食者是哺乳动物的祖先——“似哺乳爬行动物”的二齿兽、水龙兽、丽齿兽等。丽齿兽是目前发现的第一种长出犬齿的动物，它们的犬齿长 9 厘米，锋利异常，带有锯齿；身长约 3.5 米，体重约 300 千克。与大多数哺乳动物一样，这些“似哺乳爬行动物”是胎生，从外观上看起来像是裸体的蜥蜴，缺乏毛皮与鳞片，长有毛发和胡须。它们的外表特征更像是现代蜥蜴而非现代哺乳动物，是首批恒温动物，也就是说，它们的体温是恒定的，不会随着周围温度的变化而变化。它们的脑容量很大，成群活动，奔跑速度很快。

科学家对第三次“地球生物生存大灾难”的另一种解释，即认为灾难的罪魁祸首是融化的玄武岩。在“二叠纪”末期及此前的数百万年间，地幔中的岩浆活动异常剧烈。剧烈搅动的熔岩产生了大大小小的空间，这些空间聚积着巨大的内部压力。这时的地幔就像一口巨大的压力锅，随时处于爆炸的边缘。

2.52亿年前，在构成“劳亚大陆”的原“波罗的大陆”一处薄弱地层上，丛林里，几只二齿兽和水龙兽正在悠闲地觅食、嬉戏。它们没有意识到，地球有史以来最严重的灾难即将发生。

突然，一只二齿兽闻到一股奇怪的味道，这是硫黄的味道。如果是人类，一定知道灾难即将发生。但被好奇心驱使的几只二齿兽和水龙兽什么也不知道，它们只是暂停觅食，并不断地四处张望。突然，整座森林剧烈摇晃起来，紧接着一声巨响，地幔中不可计数的硫黄气体在巨大的压力下，将地壳炸出一个直径达50千米、直通地面的喷泻口。多达2万立方千米的岩石碎屑被地下爆炸产生的气浪抛到数万米高空，随后又散落到方圆数千千米的地区。爆炸产生的气浪如同小行星撞击地球一样，威力极大。随即，喷泻口向周围放射出数十条长度超过1000千米、宽度达数百米的裂隙。一万亿立方千米滚烫的融化玄武岩，从这些裂隙和喷泻口喷涌而出。

>> 这种怪异的动物，是出现在“二叠纪”的二齿兽

地球的末日到了！

熔岩带着大量的二氧化碳以及二氧化硫等有毒气体喷发到地面上、天空中，这些有毒气体迅速扩散到大气中，遮天蔽日。火山喷发出来的热气也向四周辐射，天地间的气温急剧升高。任何生物都没有存活的可能，那几只二齿兽和水龙兽瞬间被气化，踪迹全无。

>> 这时的地球很可能是褐色的，看起来比火星还要恐怖

这场熔化玄武岩喷涌持续了数万年，覆盖了相当于欧亚大陆总面积的所有地区。熔岩烧毁了大片森林，破坏了食物链的基础。在其范围内的所有生物，都没有任何生存的可能。从植食性动物到顶级掠食者都大批灭绝。

灾难发生后，在短短的数百年间，地球的平均温度从以前的 16℃迅速升高至 40℃。“西伯利亚暗色岩”地区储藏着的大量煤炭，在高温下产

>> 500 万年后，大灾难终于告一段落

生了有毒气体——甲烷。甲烷加快了全球变暖速度，使地球平均温度一度上升到 70℃。

高温将大片海水蒸发，水蒸气弥漫全球，地球的大气湿度达到 80% 以上。水蒸气与二氧化硫发生化学反应，形成了酸雨。酸雨连续数万年泛滥，使土壤酸化。

灾难发生 5 万年后，大气中的二氧化碳与二氧化硫浓度日益增高，完全遮住了阳光，地球陷入长达 40 万年的漫漫长夜中，一切光源都被遮住。这个时候，如果你从太空看地球，整个行星很可能是褐色的，看起来比火星还要恐怖。在这样的环境下，动植物自然大量灭绝。

又过去了 20 万年，熔岩终于停止了喷发。凝固的玄武岩几乎完全覆盖了地表，厚达 600 多米。西伯利亚地区的那个直径 50 千米的喷泻口也被凝固的熔岩塞住。凝固在那里的玄武岩被科学家们称为“暗色岩”。风化以后的“暗色岩”成为后来白桦树的土壤基底。今天，大约有一万亿株白桦树覆盖在广袤的西伯利亚大地上，它们的下面，就是这次灾难事件的产物。后来，大气中二氧化碳与二氧化硫的浓度慢慢下降；酸雨逐渐消失；温度也不断下降。这时，地球上的生命迹象几乎全部消失，生命力最顽强的三叶虫彻底绝迹。

但是，灾难的洗礼却为生物再一轮的演化准备了更加成熟的空间。灾难过后的地球经过漫长的孕育，又重新恢复了生机。

大灭绝后 500 万年，植物重新繁衍，它们制造氧气，使大气含氧量逐渐增加，二氧化硫等有毒气体逐渐消散。气温的下降，也促使大气中的水蒸气成为大规模的降雨，消失了的一些水体再次出现。灾难事件终于告一段落。

“二叠纪”末期的第三次“地球生物生存大灾难”事件，是地球有史以来最严重的灾难。科学家们又把这次灾难，叫作“西伯利亚暗色岩大灭绝”事件。“二叠纪”生物灾难事件说明：事物的发展有渐变，也有突变。在此后的地球发展历史中，类似事件还在发生。但是，“二叠纪”末期的这次生物灾难事件，确实可以为科幻小说和科幻电影提供丰富的素材，也可以为好奇的人们提供无穷的想象空间。

古生代从“寒武纪”开始到“二叠纪”结束，经历了6个时段，一共2.89亿年。到这时，地球已经有43.5亿岁了，到了相当于我们所比喻过的、把地球压缩成一年时间的12月10日了。

第三次“地球生物生存大灾难”，预示着古生代的结束。地球进入了又一个新的发展时期——“中生代”。

第五辑

龙的时代

37

生命的又一次黎明

“中生代”是“显生宙”的三个时代之一。顾名思义，“中生代”的意思就是“中间的时代”。“中生代”介于“古生代”与“新生代”之间。

“中生代”的年代跨度为1.86亿年，从距今2.52亿年到距今6600万年。“中生代”开始于第三次“地球生物生存大灾难”之后，延续到第五次“地球生物生存大灾难”结束。

“中生代”分为三个纪：“三叠纪”“侏罗纪”和“白垩纪”。这些纪的名字，大概是人们最熟悉的地质年代名字了。《侏罗纪公园》系列电影告诉了大家很多发生在“中生代”的故事。

“中生代”后段的“白垩纪”历时最长，有7900万年；第一个阶段“三叠纪”历时最短，有5100万年；中间的“侏罗纪”历时5600万年。

>> 中生代的黎明，新的希望开始了

从“中生代”开始，地球进入了丰富多彩的时代，生命又重新开始了更高阶段的演化。这个时期的地球面貌发生了很大变化：“联合古大陆”完全形成，但又开始慢慢走向解体；爬行动物全面繁盛；植物向更高等种属进化；地壳不断上升，海水慢慢退却，大陆边缘结束了海水浸泡的历史，陆地逐渐稳固，高原雏形开始孕育。

“中生代”的第一阶段是“三叠纪”。“三叠纪”是由一位名叫阿尔别尔特的科学家命名的。1834 年，这位科学家把在欧洲普遍出露的一套由三层红色砂岩组成的岩石称为“三叠系”。形成这套“三叠系”地层的时代，自然就是“三叠纪”。在“三叠系”地层的下部，是一套完全不同的白色石灰岩，阿尔别尔特把这套白色石灰岩命名为“二叠系”。在“三

西伯利亚
华北
泛
大
洋
盘
古
华南
原特提斯洋
东南亚
大
南美
陆
特提斯洋
印度
南非
南极

叠系”地层的上部，是一套与红色砂岩完全不同的黑色页岩，它们显然是来自另一个更加年轻的时代。

代表“三叠纪”的红色砂岩，说明那个时期的气候是温暖干燥的，没有冰川活动。地球的南北两极没有陆地，也没有浮冰。“三叠纪”也被称为“裸子植物”的时代。

从“太古代”开始，植物的进化经历了五个主要阶段。裸子植物是第四个阶段。裸子植物前面的三个阶段，依次是菌藻类植物阶段、苔藓类植物阶段和蕨类植物阶段。第五个阶段是被子植物阶段。被子植物也就是种子植物。

“三叠纪”时，植物从蕨类植物阶段全面发展到了裸子植物阶段。裸子植物的种子没有外壳，也没有果实包裹，不需要像苹果一样，咬开果肉才能看到种子。所以，裸子植物非常容易繁殖。经过“二叠纪”末期第三次生物生存大灾难的洗礼，地球的表面又重新充满了生机。

到了“三叠纪”，陆地上到处是高大茂密的苏铁、松柏、银杏。银杏当中的一个种群一直生活到现代，成为植物的活化石。在全球的很多地方，现在还能看到它们的身影。

海中的菊石在第三次生物生存大灾难中成功幸存，在“三叠纪”全面繁盛起来，这种用头行动的象螺一样的动物迅速分布到了全球的海洋里。在“三叠纪”初期，地球只有一个大陆、一个海洋。后来大陆分开，海洋也分开了。菊石就随着分开的海洋，散布到全球各地，它们的化石也成为推断岩石年代最有用的化石之一。

像蚌壳一样的双壳类动物，在“三叠纪”时期也出现了许多种类。它们的个头越来越大，有的还能生活在淡水里。长着四个鳍、有点像鳄鱼又有点像海豹的海生爬行动物，首次出现在“三叠纪”的海水里。一种叫作“始兽类”的哺乳动物也开始出现在“三叠纪”。恐龙在“三叠纪”的晚期出现在夹杂着高大铁木的茂密蕨类丛林里，并且进化出不同的类型。

从晚古生代开始的“海西运动”，一直延续到“三叠纪”早期。在这将近1.6亿年的时间里，陆地的移动、拼合，使地球最终形成了一块统一的大陆，叫作“联合古大陆”或者“泛大陆”。

“联合古大陆”的形成，是“三叠纪”的重大事件之一。

“联合古大陆”以外，是一个一望无际的超大海洋。这个海洋横跨两万多千米，面积和现在全部海洋的面积之和差不多，因此也被称为“泛大洋”。接近“三叠纪”晚期时，“联合古大陆”巨大的地块上开始出现了一些裂隙，沿着这些裂隙，“联合古大陆”开始分离成不同的板块。这是“三叠纪”的又一重大事件。

在“海西运动”的大背景下，“三叠纪”时地球的局部地区发生了称为“印支运动” 的一个次级地质活动。“印支运动”使一些地层发生褶皱，使东南亚、中亚、美洲东部形成了世界上最大的褶皱带。伴随着地壳的上升，“印支运动”以后，亚洲、欧洲基本结束了中生代以前北部是陆地、南部大部分是海洋的历史。从此，两个洲逐步形成一个宽广的大陆环境。

“三叠纪”时期，受“印支运动”影响，亚洲的东南部完成了由海洋向陆地的过渡。这个时期，地壳大规模的不均匀上升，在亚洲东南部形成了一些高原。高黎贡山已经在海洋上屹立了两亿多年，而高黎贡山以西，大部分“二叠纪”时期的海面向东方退去。陆地不断扩大，在一些山脉和

>> 慢慢分开的古大陆，到了“三叠纪”中期又慢慢地拼合在一起

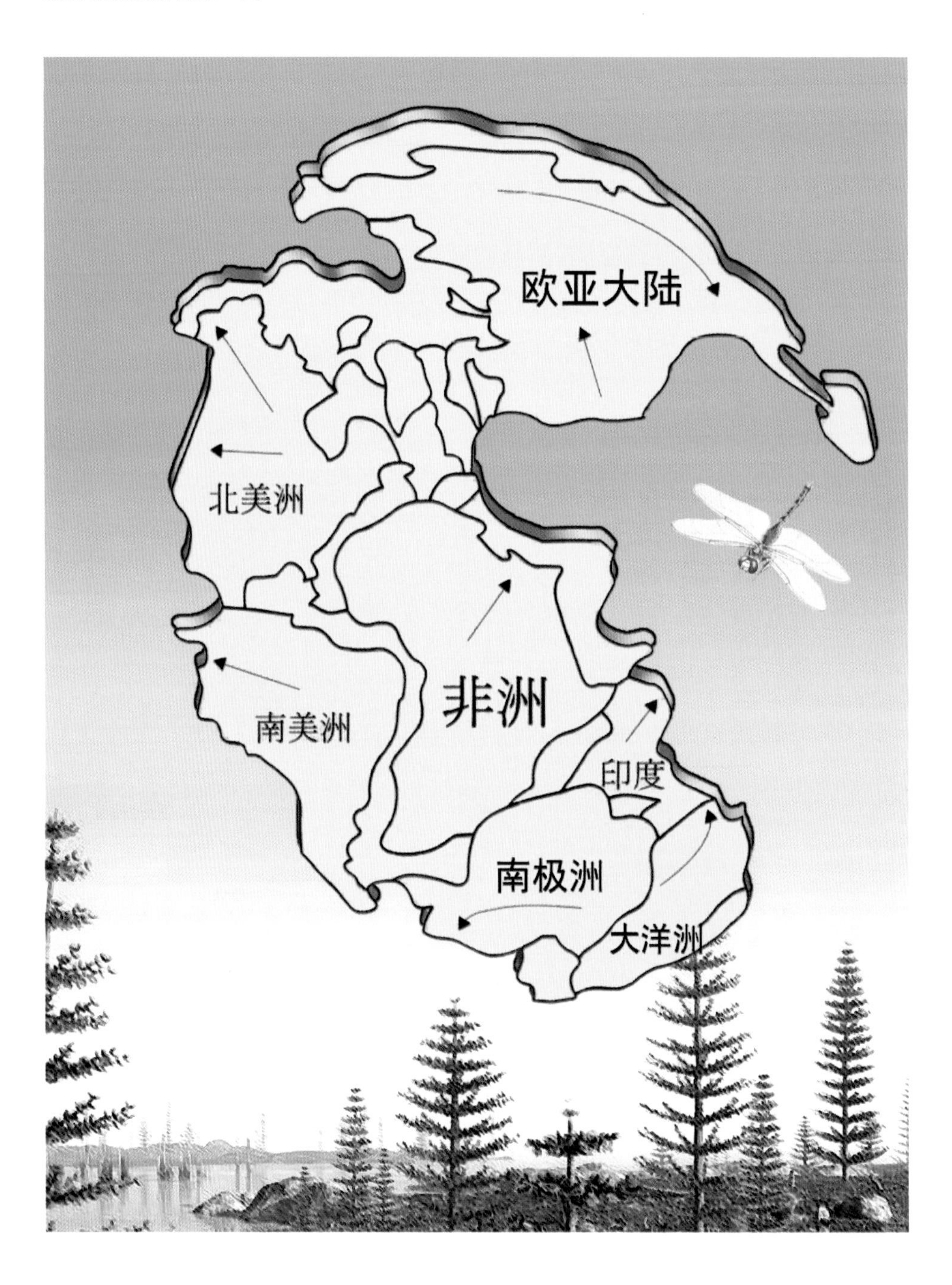

>> “三叠纪”晚期，巨型两栖动物和恐龙共存，争斗是必然的

高原之间，产生了许多内陆盆地、沼泽或者湖盆。它们有的孤立存在，有的又和陆地边缘的大海相连。

“印支运动”引发了强烈的火山活动，火山带来的岩浆和古生代乃至更古老的沉积岩交汇，产生了剧烈的化学、物理反应，使地球的很多地方，生成了丰富的锰、铁、锑、锡、汞，以及金等贵金属矿产。

38
第四次“地球生物生存大灾难”

2.5亿年前，“三叠纪”的早期，地球上所有的陆地是连接在一起的。但是，地层下面，软流圈的岩浆活动异常剧烈，对地表形成了巨大的冲击力。“联合古大陆”受这种压力影响，又开始了慢慢的分离。已经拼合在一起4000多万年的“劳亚大陆”“冈瓦纳大陆”从“联合古大陆”分开，使“联合古大陆”解体，并带来地球环境的又一次变化，从而引发了第四次“地球生物生存大灾难”事件。这是“三叠纪”的第三个重大事件。

在第三次“地球生物生存大灾难”中，“似哺乳爬行动物”受到了重创。其中的一支，在大约2.3亿年前，演化成最早的哺乳动物，其余的则在“三叠纪”中期销声匿迹。于是，各种鳄类成为“三叠纪”动物世界的主要角色。它们的种类达到了近百种，而且形态大小各不相同。而现代的鳄只有23种，

>> “三叠纪”晚期，虽然恐龙已经出现，
但鳄类还是地球上最强大的捕食者

且长相大同小异。在“三叠纪”晚期，虽然恐龙已经出现，但鳄类才是地球上最强大的捕食者，在陆地、水下都有它们的身影。

在距今 2.4 亿年的“三叠纪”中期，今天的南部非洲大地上密布着广阔的丛林，那儿是动物的天堂。一种身高不到 1 米、能后腿站立奔跑、速度敏捷、以捕杀昆虫为食的小型食肉鳄，正活跃于丛林的各个角落。这种

鳄有发达的腿部，超强的跳跃能力，既可以准确有效地掠捕飞行中的蜻蜓和其他昆虫，也能以闪电般的速度避开食肉天敌的威胁。它们因小巧的身体和很强的生存能力，成为当时地球上无可比拟的捕食冠军。它们就是恐龙与鳄类爬行动物的共同祖先，科学家们将它们取名为“新巴士鳄”。

最早的恐龙大约出现在2.3亿年前，在“三叠纪”的“卡尼期”，也

>> 新巴士鳄肯定没想到，自己会成为两类动物的共同祖先。其中一类在地球上活跃了 1.6 亿年，另一类的后代至今还欢腾在地球上

是行动敏捷的猎食者。一种体长 1.4 米、重约 40 千克、奔跑时速超过 60 千米的恐龙，在陆地上和鳄类们争夺着生存空间。科学家们把这种恐龙叫作“始盗龙”。“始盗龙”是最早的用两足行走的脊椎动物之一。它们虽然不是真正的顶级捕食者，但在第四次灭绝灾难之后却取代了鳄类的地位，并进化出更多的恐龙种类。3700 多万年后，由“始盗龙”进化而来的各种

>> 不要小看了“始盗龙”，所有恐龙都是它们的后代

恐龙，包括了我们人类熟知的恐龙家族中的王牌杀手霸王龙，素食性的巨无霸恐龙梁龙、腕龙，会飞的翼龙，以及各种大型蜥脚类爬行动物。它们都是由当初这个身高不足 0.3 米的小精灵——“新巴士鳄”演化而来的。

“始盗龙”是恐龙的祖先。在“中生代”的大部分时间里，各类恐龙布满陆地、海洋和天空，它们在地球上活跃了 1.6 亿年。

在“三叠纪”漫长的几千万年时间里，动物们悠闲地生活着，慢慢地进化着。谁也没有意识到，灭顶之灾即将降临。

这次灾难的原因是地下岩浆。由于“联合古大陆”的解体，陆地的移动撕裂了地层，地层下面软流圈的大量岩浆沿着撕开的地层喷涌而出，在地表形成了一道长2500千米、宽50米的裂隙，把“联合古大陆”分成两半。这条裂隙就出现在佛罗里达和加勒比地区。

开始时是一大股水蒸气突然冲破地面，喷向高空，烫死一些在空中飞翔的翼龙。紧接着，越来越多的水蒸气夹杂着熔岩涌出地表。大灾难到来了！几天后，地面上出现了一条长2500千米的裂隙，1800万立方千米的熔岩从裂隙喷出。熔岩扩散的速度极快，一天就能淹没200平方千米的地区。熔岩所到之处，一切生命都被摧毁。熔岩烧毁了成片的森林，破坏了食物链。动物们在痛苦地挣扎，很多种类就此灭绝。

红色的熔岩像一条巨大的蛇，弯弯曲曲地从佛罗里达一直延伸至中大西洋。蒸汽和熔岩迅速加热了海水，大气的温度迅速升高。森林在高温下燃烧，产生了大量灰烬。熔岩喷发还带出了大量有毒气体和灰尘，二氧化碳扩散到大气中，灰尘遮天蔽日。全球平均温度从灾难发生前的16℃，在数百年间迅速升高至30℃。

1万年后，大气中的氧含量下降到10%，二氧化碳含量却上升到8%。大气中的水蒸气与二氧化硫发生化学反应，形成酸雨。连续数万年酸雨的泛滥使土壤酸化。恶劣的环境加速了动植物的毁灭。呼吸功能较差的鳄类动物，大多因无法适应这种低含氧量的环境而灭绝了。

10万年后，熔岩终于停止了喷发，但火山灰依然遮天蔽日，地球获

>> 第四次“地球生物生存大灾难”，再一次生灵涂炭

得的太阳能只有正常时候的50%。

20万年后，火山喷发形成的热量耗尽，平均气温从原先的30℃迅速下降至10℃。地球开始了10多万年间的第一场降雪。大雪持续了数年，覆盖了大片高纬度地区。地球又进入新一轮的大范围冰期。

30万年后，冰期终于结束。但地球还需经过漫长的时间，才能重新恢复生机。

50万年后，新的植物开始繁衍，它们制造氧气，使大气中的含氧量逐渐增加；二氧化硫等有毒气体也逐渐消散。

这就是第四次“地球生物生存大灾难”。科学家们把这次灭绝事件又叫作“中大西洋岩浆区灭绝事件”。

第四次“地球生物生存大灾难”，造成地球70%的物种灭绝，“联合古大陆”解体。面积比原来更大的“劳亚大陆”和“冈瓦纳大陆”开始向不同的方向漂移。在这场浩劫中，鳄类动物遭到重创，80%以上的鳄类灭绝了，只有少量存活到现在。爬行动物中的“鱼龙”幸存。这种类似于海豚的鱼一直生活到了1亿多年后的“白垩纪”。

恐龙在这场灾难中获益最大，它们迅速地适应了生物大灭绝以后新的生存空间，繁衍出更多的种群，布满了新大陆，在地球上存活了1.6亿年，直到“白垩纪”，才最终在第五次“地球生物生存大灾难”中消亡。

第四次“地球生物生存大灾难”，标志着“三叠纪”的结束。第四次“地球生物生存大灾难”，距离第三次“地球生物生存大灾难”只有将近5000万年。时间间隔仅仅是前三次“地球生物生存大灾难”事件时间间隔的一半！显然，地球生物生存大灾难的周期在缩短！

39
恐龙的时代

在阿尔卑斯山脉西部，有一座叫作“侏罗”的山。这里出露了一套红色砂岩地层，覆盖在更老的“三叠纪”地层上面。1829年，科学家们按照山的名称，把这套地层命名为“侏罗系”，其对应的时代就叫作“侏罗纪”。“侏罗纪”开始于大约2.01亿年前，结束于1.45亿年前，经历了0.56亿年。

科学家们在这套“侏罗系”地层里发现了一种爬行动物的化石，他们把这种不知名的爬行动物命名为“恐怖的蜥蜴”，就是恐龙。实际上，恐龙是在“三叠纪”时才出现在地球上的。在全球的“侏罗纪”地层里，都发现了各种各样奇奇怪怪的恐龙化石，说明“侏罗纪”是恐龙最活跃的时代。

“三叠纪”晚期，始盗龙等最早一批恐龙的出现，标志着恐龙时代的开始。恐龙时代覆盖了整个“侏罗纪”，一直延续到6600万年前“白垩纪”

结束的时候。在这将近 1.6 亿年的时间里，地球一直是恐龙的世界。当时，爬行动物布满了整个陆地、海洋和天空，没有能够与它们抗衡的物种。所以，这个时期被称为爬行动物的黄金时代，也称为恐龙时代。恐龙在当时的地位就如同我们今天的人类一样。

恐龙曾经存在过的时间，从“三叠纪”算起，几乎是人类从猿开始演化到现代人的时间的 23 倍。如今却完全看不到它们的踪影了！

“侏罗纪”时，地球气候温暖潮湿，一年中只有旱季和雨季，特别适合植物的生长。陆地上广泛覆盖着茂盛的蕨类、裸子类植物，是食草类恐龙的天堂。从“始盗龙”进化而来的各种恐龙，活跃在整个陆地的表面。在“侏罗纪”中晚期，大量原始哺乳动物、带羽毛的恐龙、原始的鸟类、被子植物，以至蟑螂、蜘蛛、甲虫等类昆虫的祖先都发展起来了，是一个生物重新全面繁盛的重要时期。

根据复原的化石可知，恐龙不仅种类很多，形状更是无奇不有。它们有的在天上飞，有的在水里游，更多的是在陆地上爬行、奔跑。目前，已经认定的恐龙种类超过了1000种。大的身长有几十米，体重几十吨；小的身长只有十几厘米，体重只有几十克。科学家根据恐龙骨盆的形态，把它们分为两大类：鸟臀类和蜥臀类。科学家们还根据恐龙牙齿的形态，推断出肉食类恐龙和植食类恐龙两个种类。

1995年，在云南禄丰，发现了世界上最壮观的恐龙化石遗址。上百头恐龙集中埋藏在方圆不到6平方千米的小山上，创造了五个“世界之最”：

小贴士

恐龙时代似乎是“中生代”的代名词，但是严格地讲，恐龙时代和“中生代”是不能完全画等号的。最早的恐龙出现于“三叠纪”的“卡尼期”，大约距今 2.3 亿年，而“中生代”开始于距今 2.52 亿年。也就是说，“中生代”最初的 2000 万年时光中是没有恐龙的。

最古老的脊椎动物化石群、最集中的恐龙化石种类、密度最大的恐龙化石埋藏地、数量最大的恐龙化石遗址、化石完整性保存最好的遗址。这里的化石为我们展现了一个真实的“侏罗纪公园”，为人们解开了无数个谜题。

其实，早在 1938 年，就有地质学家在附近的“侏罗纪”地层里，发现了一块“卞氏兽”头骨化石，“卞氏兽”是爬行动物到哺乳动物的过渡类型，接上了动物界由脊椎动物演化到哺乳动物的生命链条。“卞氏兽”头骨化石的意义，不亚于后来猿人化石的发现。科学家们把在禄丰发现的恐龙化石，命名为“禄丰蜥龙动物群”。这个动物群和“澄江帽天山寒武纪动物化石群”一样有着重要的标志性意义。此外，在四川盆地也发现了众多的恐龙化石。

恐龙时代，天空已经布满了脊椎动物。除了会飞的翼龙，鸟类在“侏罗纪”开始出现。1861 年，在欧洲巴伐利亚的“侏罗纪”地层里，出现了

>> 虽为同类，但为了生存，
争斗不可避免

>> “中生代”的始祖鸟，看上去就像传说中的凤凰

小贴士

“卞氏兽”是由中国古脊椎动物学的开拓者和奠基人杨钟健院士命名的。1938 年 7 月，从德国留学归来的杨钟健离开北平（现在的北京）来到西南大后方，担任了经济部中央地质调查所昆明办事处主任。很快，他们就开展了对云南地区的地质和古生物化石的调查工作。当年冬天，地质学家卞美年等人在禄丰盆地发现了大量的古脊椎动物化石。一年后，杨钟健与卞美年等人再次赴禄丰考察，又获得了大量的古脊椎动物化石，并收集了丰富的野外地质资料。卞美年首先发现了其中的一种“下孔类”爬行动物化石。为纪念卞先生的这个发现，杨钟健院士将这种化石动物命名为“卞氏兽”。“卞氏兽”归于三列齿类动物，生存于“三叠纪”晚期至“侏罗纪”早期。它的头骨比较发达，上颊齿有三行齿尖，下颊齿仅有两行齿尖。肢骨已经与同时代的其他原始哺乳动物相似，因此被称为类哺乳爬行动物，即为爬行动物和哺乳动物的过渡类群，表明爬行动物的一支，在恐龙出现之前就已经向哺乳动物演化。

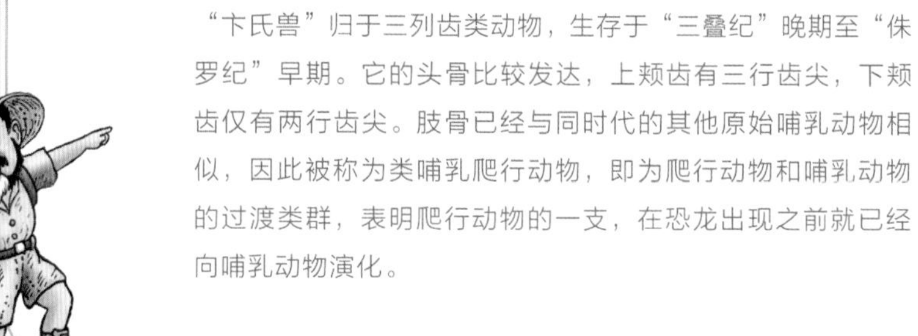

最早的鸟化石，它们是鸟的祖先，人们恰如其分地将其命名为“始祖鸟”。“始祖鸟”的出现是脊椎动物演化的重大事件。从此，脊椎动物首次全面地活跃在“侏罗纪”的海洋、天空和大地上。

距今 1.45 亿年前，“中生代”的最后一个时期——“白垩纪”开始了。“侏罗纪”与“白垩纪”之间，没有灭绝事件或突出的生物演化特点，但科学家们根据岩石的不同，明确地划分了两个年代。

40

花朵装扮的白垩

很多因素促成地球生命的生长，改变了地球表面的状况。从“三叠纪”晚期开始，在现在的欧洲和亚洲地层上，发生了范围广大的褶皱运动，形成了包括阿尔卑斯山在内的许多山脉。造成这次地层变形的地质运动，以在运动中升起的阿尔卑斯山为名，叫作“阿尔卑斯运动”。阿尔卑斯运动延续的时间很长，从中生代一直持续到新生代，跨过了“侏罗纪”“白垩纪”。于是，地质学家以“中生代”和“新生代”为界，把“阿尔卑斯运动”分为两个阶段：“中生代”时期的称为“老阿尔卑斯运动”，“新生代”时期的称为“新阿尔卑斯运动”。后来，“老阿尔卑斯运动”又被称为“燕山运动”，“新阿尔卑斯运动”则被称为“喜马拉雅运动”，因为这两期运动分别造成了燕山山脉和喜马拉雅山脉。

小贴士

白垩是传统制作粉笔的原料，英文单词 Chalk 既有“粉笔”的意思，也有白垩的意思。组成英吉利海峡两岸白色岩壁的白垩主要沉积于距今 1 亿至 7000 万年前，正是“中生代”最后的时光。

“白垩纪”是“中生代”的最后一个纪，长达7900万年，是地球进入“显生宙”后十二个“纪”中时间跨度最长的时代。

在英吉利海峡两岸，耸立着美丽的白色悬崖，组成白色悬崖的岩石主要是颗粒均匀的方解石和一些海洋小动物的钙质化石。沉积和风化作用将它们变得非常细小、纯净，呈粉末状，甚至用手就可以捏碎。人们把这种白色硅藻土起名为 “白垩”。1822 年，一位科学家把这套有“白垩”的地层取名为“白垩系”，形成“白垩系”地层的时代就是“白垩纪”。

“白垩纪”时候，地球气候异常炎热，在“老阿尔卑斯运动”，也即“燕山运动”的作用下，“联合古大陆”加速解体，现代几大洲的雏形开始形成。海水涌入地块之间裂开的通道，形成新的海洋，海陆交替不断进行。植物迅速生长，原来的不毛之地披上浓浓的绿装，艳丽的花朵第一次出现在地球上，到处被点缀得生意盎然。

在“白垩纪”，植物的进化好像超过了动物。被子植物得到大发展，这是植物进化的第五个阶段，也是最高级阶段。被子植物很快取代裸子植

>> “三叠纪”中期拼合起来的“联合古大陆”，到了“白垩纪”又慢慢分成大小不一的陆地

物成为地球上主要的植物。被子植物的种子藏在富含营养的果实中，有供生命发育的良好环境，风、花粉、昆虫都可以帮助被子植物传播种子，所以被子植物的适应性最强，分布最广，种类也最多。直到现在，被子植物的种类还多达 40 万种。“白垩纪”时期，在茂密的森林中，生长着高大的木兰、柳、枫、杨、桦、杉、榕、棕榈等各种植物。它们不仅为恐龙们提供了丰富的食物，还为最早出现的蛇、蜥蜴、蛾、蜂、鸟类以及其他小型哺乳动物提供了栖息和繁衍的场所。暖和的气候，繁盛的植物，活跃在空中、水下、陆地的新奇动物，使“白垩纪”时地球的大部分时候，成了一个热闹的世界。

“白垩纪”时期，大型蜥脚类恐龙逐渐减少，小型动物数量逐渐增加，其中还包含了哺乳类、灵长类动物们的祖先。一些小型恐龙，出于保暖或求偶的需要，全身长出羽毛，最终它们中的一支进化成鸟类，也成了恐龙唯一幸存的后裔。到了“白垩纪”晚期，恐龙出现特异化趋向，巨大的霸王龙，奇特的三角龙、甲龙，将恐龙世界的矛与盾之争演化到极致，但这也是地球霸主们最后的荣光时刻。“白垩纪”末的大灾难事件让恐龙们彻底谢幕，而鸟类与哺乳类则继续在地球历史的舞台上奏响生命演化的乐章。

我们已经知道，地壳是由许多巨大的板块拼合而成的，这些板块在缓慢移动着。千万亿年下来，有的板块离得更远，有的板块靠得更近，甚至

华北板块
东南亚板块
南美洲板块
非洲板块
澳大利亚板块
南极洲板块

发生碰撞、堆积。所以，地质学家们把大陆漂移、海底扩张、板块构造三个现象，称为地质运动不可分割的“三部曲”。

板块的边缘和接缝地带，往往是地球表面地层的活动带，火山在这里喷发，岩浆在这里活动，地震在这里发生，沉积作用、变质作用、构造运动交替出现，在改变地貌的同时，也形成了丰富的成矿带。世界上很多地方的铜、锡、钨、金、盐矿就来自“白垩纪”的沉积地层和岩浆活动。“燕

>> 云南陆良的彩色沙林

山运动”时期的岩浆作用和地壳运动，在中国的西南部，还形成了储量1600多万吨的特大型铅锌矿。

经过“老阿尔卑斯运动”，亚洲地块慢慢离开了“冈瓦纳大陆”，东南部露出海面，并很快连接成大陆，许多地方褶皱成山脉，地块基底更加巩固。一些在“侏罗纪”形成的内陆湖盆，到了“白垩纪”时，范围逐渐缩小。厚厚的“白垩纪”白色、紫红色泥岩、粉砂岩、砂岩，以及少量的黑色页岩，覆盖在“侏罗纪”紫红色沉积物的上面，把原来的红土地染成了五彩缤纷的图案，它们的代表就是云南陆良的彩色沙林。有的地方，这些沉积岩的厚度超过了2000米。

植物的演化、动物的演化和矿物的演化，在“白垩纪”达到一个高潮，各种花朵盛开在茂密的森林里，自然之手把这个时代装扮得五彩缤纷。

41

“纳迪”：第五次“地球生物生存大灾难”

灾难总是伴随着繁盛。2013 年 2 月 15 日，一颗编号为 2012DA14 的近地小行星，从距离地球仅仅 2.77 万千米的位置上掠过。尽管没有产生撞击，却让科学家们捏了一把汗！因为这颗小行星直径约有 44 米，重量达 12 万吨。如果它撞击了地球，无疑是一场巨大的灾难！但是，绝大多数的地球居民，甚至都不知道这擦肩而过的一劫！同样的情况，在 46 亿年里，不知道发生过多少次！而地球也并不是每一次都能那么幸运。如今，还残留在地球表面大大小小的陨石坑数以百计。每一个陨石坑都代表着地球的一次创伤，甚至是一次灾难。其中最著名的一次撞击，就造成了地球上第五次生物生存大灾难，使恐龙全部消失。这就是“希克苏鲁伯陨石撞击事件”。

在6600万年前，“白垩纪”晚期的某一天，灾难突然降临！地球上又发生了一次大规模的生物生存大灾难。在这次事件中，作为地球主要居民的爬行动物“突然”大量消失，恐龙则完全灭绝。

这一天，恐龙们如往常一样，在茫茫无际的联合古大陆上四处游弋，尽情地嬉戏觅食。突然，天空中出现了一道刺眼的白光，一团巨大的火球从天而降，飞速地砸向地球。火球的体积庞大，后面拖着长长的火焰。火球前端已经碰到地面，尾部还在几万米外的高空。强烈的光辐射瞬间夺去了动物们的视力，点燃了森林大火。地表被火球砸出一个巨大的坑，被砸之处，一切生命瞬间消失。周围的各种动物，跟着惊恐的恐龙四散奔逃。撞击冲开了地壳，地球深处的岩浆立即喷发出来，滚烫的岩浆烧死了奔逃中的恐龙和其他动物，烧毁了沿途的森林。与此同时，大地因为撞击而颤抖，引发了一系列的强烈地震，山峰崩塌，土石翻滚，大批来不及躲避的恐龙被砸死。地震引发了海啸，很快，高达200多米的汹涌海浪卷过陆地，把那些幸存的恐龙们一扫而光。撞击产生的高温，迅速气化了倒灌到陆地上的海水，蒸汽向高空喷射。滚烫的蒸汽混合着滚烫的火山灰尘，很快布满天空，厚度达到几千米。5小时内，这片炙热的云团便包围了地球。云团遮住了阳光，天地瞬间黑暗。炙热的水汽和粉尘，令残余的生命窒息。几天后，撞击波冲击到全球，掀开了地壳，到处都是地震、火山、海啸、森林大火。而撞击同时也加快了板块运动。

这场天地大冲撞，虽然只有短短几十分钟，但大部分的恐龙在这第一波的打击下死去了。这是一场多么可怕的灾难啊！接下来，在以后的数月乃至几十年时间里，天空依然尘烟翻滚、乌云密布，地球因终年不见阳光而进入黑暗、低温中。苍茫大地沉寂无声。地球上没有了阳光，残余的植物迅速枯萎、死亡，森林消失了。没有了植物，植食动物因饥饿而死；没有了植食动物，肉食动物也失去了食物来源。它们在饥饿和寒冷中，或者在相互的残杀中死去。食量大的大型恐龙最先灭绝，紧接着，其他的恐龙也在这样残酷、绝望的环境里消失。它们的躯体被火山灰、泥浆、沙土掩埋。

从此以后，我们只有在化石里，才能看到恐龙的身影。生物史上的一个时代就这样结束了。

大部分科学家认为，6600 万年前，是一颗直径大约有 10 千米的小行星撞上地球，引发了这场“天地大冲撞”。

这是一颗质量达 20000 亿吨的小行星，在地球引力的作用下，从太空冲向地球。这颗小行星冲击的速度不断加快，从每小时 6.5 万千米急速增加到每小时 7.2 万千米，即每秒 20 千米。小行星 5 秒内就穿越了近地大气层。进入大气层后，和大气摩擦、燃烧，表面达到 20000℃的高温，而亮度则达到太阳表面亮度的 100 万倍。小行星斜着朝现在的北美洲南部、尤卡坦半岛撞去，把很大的一块地层砸进地球深处。爆炸的威力相当于 1 亿兆吨 TNT 炸药的当量。撞击产生了 2.1 万立方千米的气体和尘埃等物质，这些物质以每小时 16 万千米的速度抛向天空，并形成一片温度高达 7800℃的云汽团。

在这场突如其来的恐怖事件中，地球表面大部分的生物迅速消亡。一半以上的植物、一大半以上的陆生动物消失。海洋中的菊石类也一同消失了。75% 的物种灭绝，其中包括所有的恐龙。

>> “希克苏鲁伯陨石撞击事件”，造成了地球上第五次生物生存大灾难。在这次大灾难中，恐龙全部消失

>> 那颗闯祸的小天体砸进地球。人们没有为那颗小天体起名字，我想称它为“纳迪”(Naughty)，就是“淘气鬼”的意思

这是地球自“奥陶纪”第一次“地球生物生存大灾难”以来发生的第五次“地球生物生存大灾难”。两次事件，前后间隔了3.77亿年。第五次“地球生物生存大灾难”距离第四次“地球生物生存大灾难”的时间，是1.34亿年，但范围和影响则超过了第四次。

科学家们推断，这次撞击相当于人类历史上曾经发生过的最强烈地震的100万倍；爆炸的能量相当于地球上所有的核武器一起爆炸后产生的爆炸总能量的1万倍。灾难中，几乎所有的大型动物都没能幸免于难，恐龙

时代结束了。陨石撞出的大坑成了现在的墨西哥湾，以及直径约有 180 千米的“希克苏鲁伯”陨石坑。按照地名，科学家们又把这次撞击事件称为“希克苏鲁伯陨石撞击事件”。撞击地球的小行星，在陨石坑周围留下了一种含铱异常的岩石。在撞击过程中，还产生了一种新的矿物——冲击石英。

数百万年后，地球才从第五次“地球生物生存大灾难”中慢慢地缓过来。一个全新的时代又开始了。

在第五次“地球生物生存大灾难”发生时，恐龙应该是演化程度最高的动物，但是，自灾难发生以后，地球上再也看不到恐龙的身影了。相反，当时演化程度不如恐龙的其他动物，比如早期的蛇、蜥蜴、蛾、蜂、鸟类以及其他的小型哺乳动物，却一直演化到近代。特别是生命最早形式的单细胞、多细胞生物，更是以丰富多彩的形式在地球上继续繁衍!

这当中，会不会潜藏着一个道理：演化程度越高的物种，衰亡的周期越短；演化程度越低、存在形式越原始的物种，演化的周期反而越长。另外，有的灾难，其实是大自然自我修复和完善的一种手段，也是一种规律。人们应该做的，是总结出适应这种规律的态度和方法，而不是单纯地抱怨和惋惜!

这肯定是一个有趣的问题！让我们一起探讨吧！

第六辑

新生代

42
6600 万年前

现在，我们已经穿越到了一个距离我们最近的时代。

以第五次“地球生物生存大灾难”为界线，距离现在 6600 万年时，地球进入了一个崭新的发展时期——“新生代”。这时，地球已经过了 45 亿岁的生日。距今 6600 万年，已经到了我们所比喻过的把地球历史压缩成一年时间里的 12 月 26 日。

就在一年之中最后 5 天稍多一点的时间里，地球发生了更快、更多也更现代的变化，一直到我们能够看得到的今天。

“新生代”经历的时间不长，只有 6600 万年，仅相当于“古生代”或者“中生代”的一个“纪”。

1760 年，有人把从阿尔卑斯山到亚平宁半岛一带的地层，从老到新划分为三个纪：“第一纪”“第二纪”“第三纪”。后来，又有人把“第三纪”上面的松散地层单独划出来，称为“第四纪”，并且把“第一纪”“第二纪”合并到其他的地质年代里。而“第三纪”和“第四纪”的命名却一直沿用着。直到 2001 年，国际地质大会才统一决定，不再使用“第三纪”的命名，而是把“第三纪”划分为两个部分：“古近纪”和“新近纪”。但是依然保留了“第四纪”，作为新生代的最后一个阶段。

这样，“新生代”就有了三个纪：“古近纪”“新近纪”和“第四纪”。

其中，“古近纪”占了“新生代”的三分之二，历时 4297 万年。中间的“新近纪”历时将近 2045 万年。后面的“第四纪”时间跨度最短，只有 258 万年。“第四纪”是最年轻的时代。

“新生代”离现在最近，人们了解到的地质现象也比较丰富。在这些“纪”里，科学家们根据不同的地层、生物特征，又划分出了一些“世”。这些“世”的名称，是大家经常看到的。

如果可以，你应该认真地记住：

“古近纪”包括“古新世”“始新世”和“渐新世”三个阶段。

“新近纪”包括“中新世”“上新世”两个阶段。

“第四纪”包括“更新世”“全新世”两个阶段。

这样的划分，把地球最近 5 天多一点、6600 万年的历史，分成了三个大段和七个小段。

我们现在，就生活在“全新世”这最后一个小段里。紧接着“全新世”的，是我们大家无法预料的、地球发展的遥远未来……

另外，说起“新生代”，一定要搞清楚这几个“运动”：

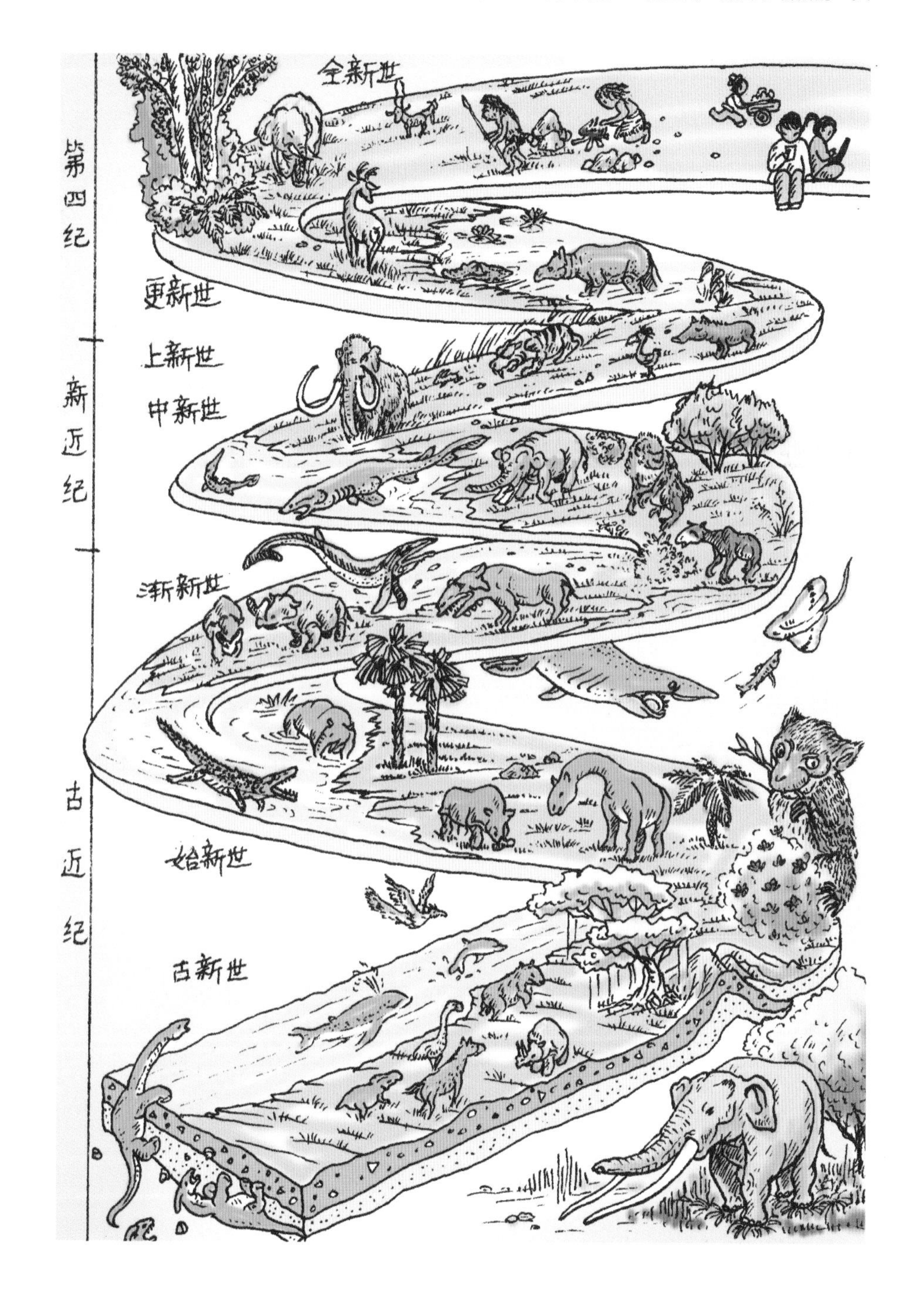
全新世
第四纪
更新世
上新世
新近纪
中新世
渐新世
古近纪
始新世
古新世

首先是“阿尔卑斯运动”。其强大的地质力量，影响着“新生代”的地壳变化。“阿尔卑斯运动”借用了阿尔卑斯山的名称，象征着阿尔卑斯山产生过程中的种种地质现象。其次，“阿尔卑斯运动”分为两期，即“老阿尔卑斯运动”和“新阿尔卑斯运动”。前者又叫“燕山运动”，后者又叫“喜马拉雅运动”。这些运动使大洋底加速扩张，各个板块加速漂移。完全解体的“联合古大陆”中，“冈瓦纳大陆”分离成不同的部分；非洲板块脱离了“冈瓦纳大陆”，向着“劳亚大陆”的欧洲地块移动；澳大利亚板块从南极大陆脱离出来，向北移动。

5000多万年前，亚洲板块的西部慢慢升出海面；印度板块在“始新世”阶段向北漂移，和亚洲板块靠拢、拼合，形成南亚次大陆。印度板块像一张大饼一样，冲向了另一张大饼——亚洲板块，重叠的部分被抬高，成了雄伟的青藏高原，高原南侧边缘就是缓缓升起的喜马拉雅山脉，地球的最高峰——珠穆朗玛峰就位于这里。在两大板块碰撞、挤压的褶皱中，还形成了并行的河流——怒江、澜沧江和金沙江，以及沿着喜马拉雅山脉流淌的恩梅开江、雅鲁藏布江、恒河。

当印度板块俯冲进入亚洲板块后，它前沿的右边被一块更加古老的地块——“扬子地台”阻挡，形成了几乎和喜马拉雅山脉走向垂直的壮丽山脉——“横断山脉”。“横断山脉”几乎呈南北走向，流淌着包括怒江、澜沧江、金沙江、大渡河在内的6条大河，绵亘着包括怒山、高黎贡山、云岭在内的7条山脉。这里是地球上最集中的高山聚合区，在不到100平方千米的范围内，挤满了几十座海拔6000米以上的高山。

在喜马拉雅山脉的腹地，由“白垩纪”的沉积岩环绕，突出着一块时代更早的花岗岩，形成了人们认为的地球中心——“冈仁波齐”峰。“冈仁波齐”被人们奉为众山之山，众神之神。有些虔诚的信徒坚信，“冈仁波齐”就是“须弥山”，也就是世界的中心。在“新生代”早期，喜马拉雅此时还是一条深深的海槽。

从第一块陆地升出水面开始，在漫长的岁月中，地球板块经过了分开—联合—再分开的过程，暂时固定成现在七大洲的格局。

随着“联合古大陆”的解体，“泛大洋”也被分割成现在的四大洋，以及地中海、波罗的海、加勒比海等稍微小一些的水体。

在一些临海的、自然条件很好的地方，在“全新世”晚期的近代，孕育出我们知道的“人类”文明。

“古近纪”时，亚洲中部、东部的大陆，已经是山川交错、盆地相间的景象了。亚洲东部大陆自东向西，形成了三个褶皱和凹陷带。褶皱隆起，形成山脉；拗陷沉积，填充并集聚了丰富的煤和石油。后来，从“更新世”开始进化的人类，

>> 冈仁波齐神秘而壮观

在这片广袤的地域里活动，先后建立了许多“国家”。

在“古近纪”中期的“始新世”阶段，草本植物和豆科植物出现，并迅速覆盖大地，为新的物种准备了食物。

“古近纪”早期，一些小型的陆生动物，比如小型哺乳动物，终于熬过了最艰难的时日，它们依靠残余的食物勉强为生，终于等到了“古近纪”陆生脊椎动物的再次大繁荣。而一些在第五次大灾难事件中幸存的爬行动物的后代，仍然在继续演化，出现了新的物种。于是，地球上就有了早期的马、大象、熊、猴子。牛、羊的祖先也开始奔跑在丛林的草地上。鲸鱼和海豚在海洋里游弋。一种以藻类、菌类和甲壳动物的幼虫为主要食物的有孔虫在海里大量繁殖，同时也为其他的海洋生物提供食物来源。

“中生代”的动物老大——爬行动物并非完全灭绝，它们中的相当一部分，因为体形小巧便于藏身，对环境有极强的适应能力，从而躲过了第五次生存灾难的浩劫，一直演化、存活到“新生代”。今天，这些爬行动物仍然生活在地球上，它们就是茂密丛林中的伪装高手变色龙，栖息在我们卧室墙壁、天花板上的小型蜥蜴科目——壁虎，令人胆寒的蛇和鳄鱼，还有行动迟缓的乌龟等等。当然，昔日动物世界里的霸主——恐龙的后裔也在“新生代”布满了天空，那就是各种鸟类。

“古近纪”晚期的“渐新世”，大约2303万年前，陆地重新覆盖上茫茫的草原，大型哺乳动物和飞鸟活跃在地球上。巨型犀牛成了地球上最大的哺乳动物。猴子中的一支进化成了最早的猿。

43

2303 万年前

“新生代”的第二个阶段是“新近纪”。“新近纪”延续了 2045 万年。从距今 2303 万年到距今 258 万年。

人类的出现和喜马拉雅山脉的形成几乎是在同一时期。这“同一时期”就在“新近纪”。

在“新近纪”第一阶段的“中新世”，大陆上森林密布，草木茂盛；鹿和长颈鹿出现了；羊、猪、兔、有袋动物在迅速成长；以猴子为代表的灵长类加速进化；猿类中出现了森林古猿。森林古猿中的一支，向着现代的类人猿演化。

古猿的进化和人类的出现，是“新近纪”的重大事件。在“新近纪”第二阶段的“上新世”晚期，大约 700 万年前，南方古猿出现在非洲的丛

林里，一个被称为“撒海尔人乍得种”的类型，从猿类分化出来，他们被认为是最早的人类。后来，在地球的其他地方，也发现了被认为是猿人的一些零散化石。现在，大部分的科学家已经认为，人类的出现，应该是在大约 700 万年前，即南方古猿出现时，而不是过去认为的 50 万年或者 170 万年前。曾经，人们因为找到过一个 50 万年前“北京猿人”的头盖骨化石，后来又发现了一些 170 万年前“元谋猿人”的牙齿化石而一度认为，人类

>> 造山运动中，出现了许多美丽的地方，为新物种的诞生准备了条件

是在那些化石生成的时代出现的。

2303万年前，“喜马拉雅运动”即“新阿尔卑斯运动”还在进行。“联合古大陆”分离出来的各个板块继续移动，各大洲移动到了它们当今所在的位置。南极洲越来越孤立，并最终成为一个永久性的冰封大陆。“古近纪”时成型了的新山系，像欧洲的阿尔卑斯山脉、南美洲的安第斯山脉、非洲的阿特拉斯山脉，以及亚洲的喜马拉雅山脉等，在“新近纪”时继续隆起，并逐渐固定。东非大裂谷、科罗拉多大峡谷正在形成。

持续到 “新近纪”时的造山运动，使珠穆朗玛峰成了地球的最高峰，海拔高度8848.86米，至今还在继续上升。

“新生代”的造山运动，使亚洲东部的一大片区域发生了变化。这片区域的西部隆起成为山地，东部下降成为范围很广的凹陷平原，在山地和平原之间，分布着许多大大小小的盆地。在这些区域的连接部分产生了许多断裂，岩浆沿着断裂涌出地面，挤压成许多褶皱，形成了西高东低、百川东流的地理特征，这就是后来的“中国”。

几块大陆的主要河流，尼罗河、刚果河、叶尼塞河、多瑙河、密西西比河、亚马孙河、印度河、长江、黄河等，都开始流淌在“新生代”的大地上。在“新生代”前两个阶段的“古近纪”和“新近纪”，地壳内孕育了很多矿产，特别是沉积了煤、石油、石膏和一些沉积型金属砂矿。

地层在形成的过程中并不是铁板一块。由于各种地质运动，地层在发

生上下或者水平运动时，会发生断裂。断裂把地层和岩石分开。断裂向地下延伸的深浅，或者在水平方向延伸的长短，对地层的变化、岩石的变动产生着重大的影响。科学家们根据断裂对地层影响的大小，把“新生代”以来延续或者新生的断裂，分成三种类型：“岩石圈断裂”“地壳断裂”和“盖层断裂”。这些不同类型的断裂，又会使旁边的岩层裂开成大小、深浅都不一样的“次级断裂”，因为地质作用，布满了各块大陆。这些不同的断裂，划开了地层，它们深浅不同、长短不一，像人身上的毛细血管一样，密密麻麻地分布在陆地和海洋，影响着动物、植物、矿物的演化和局部环境的变化。

最典型的“地壳断裂”，就是非洲板块东部的裂谷，那条裂谷位于非洲东部，北端与红海相连接，最北可达死海，往南纵贯埃塞俄比亚高原和东非高原，一直延伸到非洲南部的赞比西河口附近，全长约 5800 千米，是地球周长的七分之一。它形成了地球陆地上最大的断裂带，断裂带两侧的陆地彼此分离，几乎要把非洲大陆一分为二。东非大裂谷最宽处宽度超过 100 千米，最深处深度超过 2000 米。东非大裂谷经过的区域，由于地势低洼、流水汇聚，形成了一连串的湖泊，包括马拉维湖、坦噶尼喀湖、图尔卡纳湖、基伍湖等。

断裂带多数是地震带，同时也是火山活跃的地区。地球主要的地震活动带有两个：“环太平洋火山地震带”和“地中海—喜马拉雅火山地震带”。

“环太平洋火山地震带”分布并环绕在太平洋的大陆边缘。沿着南美洲西海岸的安第斯山，向北经过北美洲的西海岸、阿留申群岛、堪察加半岛、千岛群岛到日本群岛。然后分成两支，一支向东南经马里亚纳群岛、关岛

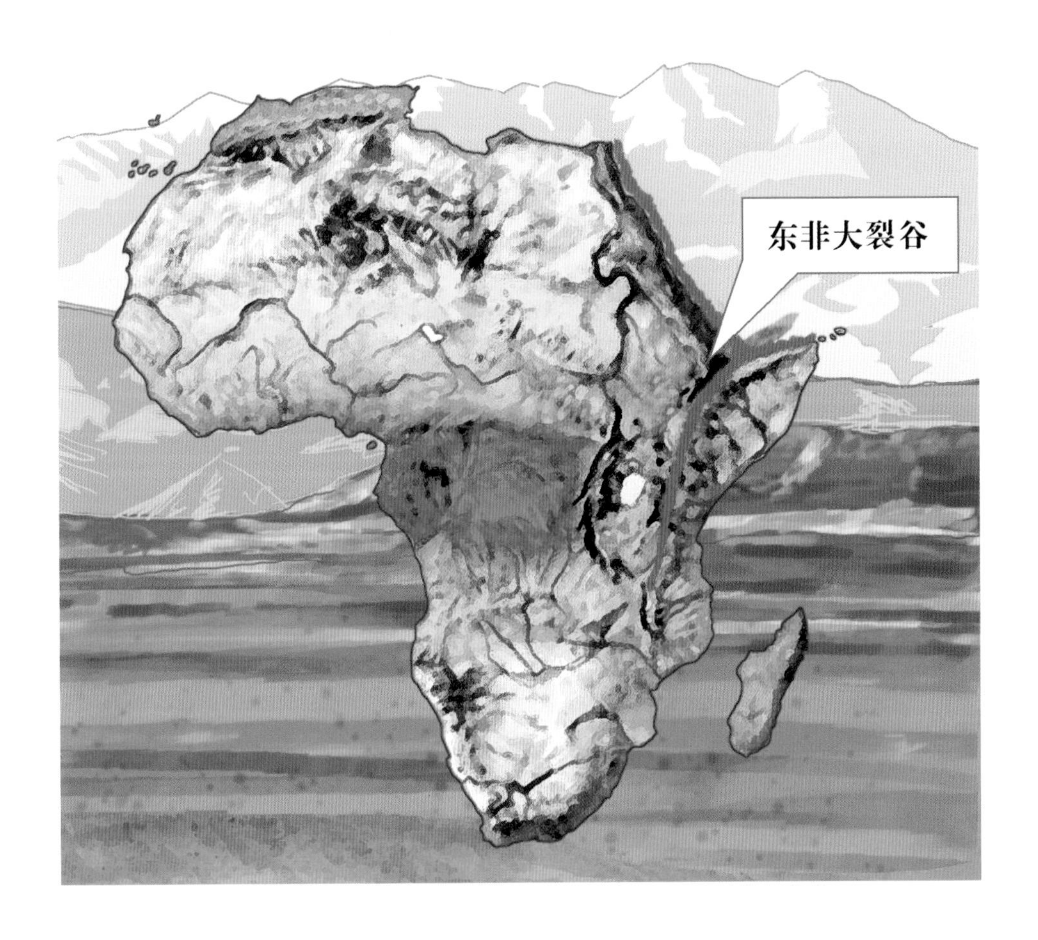

到雅浦岛；另一支向西南经琉球群岛、菲律宾群岛到苏拉威西岛，与“地中海—喜马拉雅地震带”汇合，经所罗门群岛、新赫布里底群岛、斐济岛到新西兰。这条地震带集中了世界上 80% 的地震，包括大量的浅源地震、90% 的中源地震、几乎所有深源地震和全球大部分的特大地震。

“地中海—喜马拉雅火山地震带” 西起大西洋的亚速尔群岛，向东经过地中海、中亚，沿着喜马拉雅山脉南麓，经过中南半岛，到达印度尼西亚群岛，与“环太平洋火山地震带”相接。这条火山地震带横跨了欧亚非三洲，全长2万多千米，集中了地球15%的浅源和中源地震。这两条地震带，都处在古老地块的相连处。

在整个“新生代”，沿着这两条火山地震带，剧烈的火山喷发和隆隆作响的地震随时都在发生。地层断裂为物质和能量提供了上下通道。大的断裂带都处于板块的结合部，也是重要的成矿区域。来自地球深部的热量沿着断裂上升，在一些断裂线上产生热泉，所以，在断裂线上可能分布着不同温度的温泉。或者，在温泉的下面，一定可以找到断裂。

“古近纪”和“新近纪”时期，经过了将近6342万年的沉积、组合和蒸发，为地球的许多地方带来了丰富的煤、岩盐、硅藻土、钛铁砂矿。在亚洲的中南半岛、东欧平原、北美洲北部“新生代”地层的古盐湖里，还蕴藏着巨大的钾盐矿。

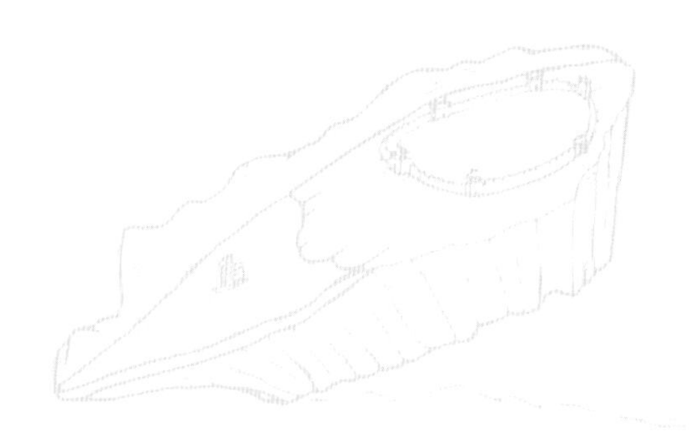

44
最后“5 小时”的精彩

大约 258 万年前，地球进入了最新的一个生长时期，这就是“新生代”的“第四纪”。“第四纪”的全部时间，仅仅相当于我们所比喻过的、把地球压缩成一年时间的 12 月 31 日的最后 5 小时。

1829 年，一位科学家把阿尔卑斯山西部一处“第三纪”地层上部的松散地层划分出来，称为“第四纪”。从那时起，“第四纪”作为一个独立的地质年代，一直沿用至今。“第四纪”分为两个阶段：前 257 万年，称为“更新世”；后一万年，称为“全新世”。

“第四纪”的地球发生了翻天覆地的变化，直接带来了我们今天所看到的样子。

在“第四纪”，“喜马拉雅运动”仍然在进行着。这次运动，又被称作“新

>> 大象和冰川在一起，这种场景，
只有在“第四纪”才能看到

构造运动”。虽然大地构造和地理格局已经形成，大陆的位置、形态和今天已经没有区别。但是，“新构造运动”还在时时刻刻改变和创造着地球，使它不断地展现出新面貌。大陆漂移、海底扩张、板块活动、火山喷发继续进行。在太平洋底，中央洋脊两侧的板块分别向两个方向移动，每年向东移动 6.6 厘米，向西移动则达到了 11 厘米。太平洋底的这种海底扩张，使日本列岛和中国的距离越来越近，而亚洲大陆和美洲大陆的距离却越来越远。按这个速度，只需要 1 亿多年，亚洲大陆和美洲大陆之间，又可以产生一个新的太平洋，把两个大洲隔得更远。

但是，近些年的观察和研究，又产生了相反的看法。科学家们发现，由于地球旋转引起的重力变化，太平洋板块向东的俯冲幅度，超过了太平洋中央洋脊向两边扩张的幅度，因此，太平洋的范围不是在扩大，而是在缩小，亚洲和美洲会离得越来越近。不需要一亿年，两块大陆完全有可能拼合在一起！

你会不会觉得十分有趣？这绝不是科学家们的随意推断，而是大自然太神奇了！需要我们不断地去探索！

亚洲板块和印度板块的碰撞，加速着青藏高原的抬升。在喜马拉雅山脉的西夏邦马峰上，发现了应该生长在“新近纪”时期、海拔 2000 米到 3000 米的一种植物——高山栎的化石。高山栎化石出现在“第四纪”海拔 8000 多米的西夏邦马峰上，说明喜马拉雅山脉在“新近纪”和“第四纪”上升了约 5000 米。

处于喜马拉雅山脉东麓的一块地区，在“第四纪”时继续抬升，形成高原。在高原形成的过程中，板块碰撞和俯冲带来的巨大力量，使大陆内部的断裂活动、地层的上下移动增加；使高原河流深切，湖泊收缩，山脉升起，峡谷成形。在这块 40 多万平方千米的土地上，海拔高差达 6000 多米。这块区域里的卡瓦格博峰海拔 6740 米，而红河、南溪河交汇处的水面，海拔只有 76 米。这就是几十亿年地质作用累积成为的“立体地形”“立体气候”以及“植物王国”“动物王国”和“有色金属王国”。这个地区与今天的云南大体一致。

“第四纪”时，地球上产生过四次大的冰期。冰期时，茫茫冰雪盖住了由“劳亚古陆”分开、移动而形成的欧亚大陆、北美大陆，以及连接它们的海洋，特别是南北两极。由此引发了海平面下降，出现了大陆桥。连接西伯利亚和阿拉斯加的白令陆桥，使亚洲和北美洲的动物群落建立了联系。欧洲冰原的出现，为动物向不列颠群岛的迁徙创造了条件，使这些岛上“第四纪”的动物群和欧洲大陆上的动物群基本相似。冰期和间冰期时冰雪的溶化、覆盖，再融化、再覆盖，加速着地表的风化，使很多动物和植物种类在冰期来临的严酷条件下，通过“优胜劣汰”的生存竞争和自然演化，走向现代。“第四纪”冰川的最南部，曾经到达过欧洲的亚平宁半岛、

小贴士

近年来，我多次对碧罗雪山进行实地考察，可以认定，在“第四纪”晚期，大陆冰川曾经到过这里。约 6600 万年前开始的“喜马拉雅运动”，使印度板块和欧亚板块产生碰撞挤压。随着印度板块的俯冲、喜马拉雅地块的抬升，位于喜马拉雅南麓的碧罗雪山也在增高。在碧罗雪山顶部，可以找到大量的冰碛石、漂砾、冰川擦痕、U 形谷、连续冰湖等冰川遗迹，看到“第四纪”现代冰川的壮观景象。过去，人们普遍认为，亚洲“第四纪”冰川的前锋，到达的最南部是江西的庐山。云南碧罗雪山“第四纪”冰川的确认，改变了过去的观点。因为碧罗雪山“第四纪”冰川所处的纬度，比江西庐山“第四纪”冰川所处的纬度低了将近 4°，说明“第四纪”冰川到达过的地方，比此前人们已经认为的更接近赤道。而“第四纪”冰川活动范围的确认，在地理学、气候学、地史学、地磁学、地质学、人类学以至动物学等方面都具有重大的科学意义。碧罗雪山的冰川遗迹是“第四纪”晚期的末次冰川遗迹，并非 258 万年前的“第四纪”大陆冰川遗迹。

北美洲的长岛，甚至还到过北纬 25° 的地方。现在，在地球北纬 25° 线上，只有喜马拉雅山脉东麓的碧罗雪山，还留下了冰川河床、雪峰和成串的冰川湖泊。

“第四纪”时，火山活动也非常活跃。地中海沿岸、千岛群岛、南太平洋、科迪勒拉山系、伊朗高原周围，以及喜马拉雅山脉等地都发生过火山活动。一些“休眠火山”说不定什么时候还会醒来，让火焰再次冲上天空。

“二叠纪”时开始在东南亚一线海底沉积的石灰岩，到了“第四纪”的“更新世”时，随着地壳的抬升，被风化剥离。云南高原上单独露出的石灰石被打磨成千姿百态的形状，像石头的森林，人们称之为“石林”。“石林”是世界上唯一一处海拔将近2000米的“喀斯特地貌”类型。在地球的很多地方，“第四纪”风和水的作用，还把从“新生代”开始发育，并且还在形成岩石过程当中的沙砾岩和黏土层雕琢成“土林”“沙林”。在北纬35°到北纬50°的地理带上，分布着很多这样的“土林”和“沙林”。

45 新物种

“人”的进化和“定型”，是“第四纪”的突出事件。

但是，“人”是怎么进化或者演化的，人们至今没有一个完整的说法。因为，关于“人”的来源问题，人类提出和研究的时间只有150多年。

1859年，达尔文出版了《物种起源》，提出了生物从低级到高级、从简单到复杂的进化论。1871年，他又出版了《人类的起源和性的选择》，首次提出了人类是由已经灭绝的古猿进化而成的观点。而在此之前，人们相信，“人”是上帝创造的，或者是由某位大神用泥巴捏的，甚至是从鱼肚子或石头里蹦出来的。所以，达尔文的观点一出来，就遭到了教会的激烈反对和人们的普遍质疑。但150多年来，达尔文的观点，确实成为人们探索生命起源和发展的主导理论。而地质学的产生发展和化石的研究，也在不断地验证着达尔文的理论。但是，证据和观点都十分分散，“百度”“谷歌”上的解释也千差万别。不同的说法会弄得你晕头转向！因为，连达尔文都没有解释清楚，古猿是如何进化成人的。

但是，科学家们还是有比较一致的看法：在大约4800多万年前、“古近纪”中期的“始新世”，古猿中的一支开始向不同的种类演化；一直到大约700万年前，在“新近纪”第二个阶段的“上新世”晚期，一支被称为“撒海尔人乍得种”的“早期猿人”，从非洲丛林里的类猿人种类里分化出来；直到大约400万年前，这支“早期猿人”演化成了“南方古猿”，他们被认为是最早的人类。

于是，这批先行者用了大约400万年的时间，经历了“南方古猿”“能人”“直立人”“智人”四个阶段，最终成为我们今天的人类。

从“南方古猿”演化到“能人”经历了240万年。而从“能人”经过“直立人”“智人”阶段，演化到现代人类的时间大约是260万年，和“第四纪”的时间大体吻合。

在这本书里，我把大约700万年前“撒海尔人乍得种”的“早期猿人”从类猿人种类里分化出来，看作是人类脱离动物世界、成为新物种的时间节点。

400万年前，在“新近纪”的“上新世”和“第四纪”的“更新世”期间，“南方古猿”生活在非洲东部和南部。“南方古猿”住在山洞里、丛林中，甚至大树上，他们吃着树上的野果和土里的植物根茎。偶尔，大家一起围猎动物，而猎物就成了一天当中的美味。“南方古猿”能够在地上行走。更为重要的是，他们能够把原始的石块、树枝，甚至一些大型动物的骨骼当作工具。当“南方古猿”能够制造工具的时候，他们就进化到了“能人”。

所以，能够制造工具就成为由“猿”到“人”的标志。这些古猿逐渐向早期人类演化。

260万年前，由“南方古猿”演化出来的“能人”出现在非洲东部，他们能够将石头、木棍、动物骨骼这些原始工具进一步加工，制造成更加复杂的工具。他们也因此被称为“能人”，也就是能够制造工具的人。“能人”不仅能够制造工具，还会用树枝、野草、石块建造粗糙的住所，开始有了初步的社会，使用简单的语言。

慢慢地，一些年轻的“能人”开始在地上行走。大家觉得用两只脚行走不但有趣，而且可以腾出前面的两只手来抓握工具，行动起来也更加方便。于是，“能人”慢慢地成了“直立人”。他们身上的猿性逐渐消失，人性不断增加。

50万年前，“直立人”学会了使用天然火。火的使用，提高了“直立人”的生活质量，大大促进了他们的演化，特别是脑的发育。他们身上的猿毛渐渐地退去，露出了粗糙的皮肤，并且开始了最早的植物栽种。

所以，工具的制造和火的使用，是猿从旧物种演化到新物种的根本标志。

100万年前，“第四纪”冰期的冰雪覆盖着地球的北半部，海平面下降，各大陆之间出现了由山脉和冰雪连接的“大陆桥”。“直立人”中的一些先行者，离开了他们在非洲东部和南部的故乡，踏着茫茫冰原，跨过大陆桥，向各个大陆迁徙。他们的足迹很快遍布了亚洲、欧洲，以及南北美洲。他们是名副其实的早期“开拓者”。

20万年前，分布在非洲以外的“开拓者”的祖先们，被更加高级的

>> 云南昭通水塘坝一处“古近纪”的含煤地层里，出现了一具完整的“南方古猿”头骨

疑似自己的同类取代了。这个同类是一个新物种，他们就是“智人”，也来自非洲。

“智人”是继“直立人”之后，第二次走出非洲的新人类。“智人”的身材、相貌和现代人很接近，肤色也开始逐渐分化。“智人”会用石块、树枝制造更为精细的工具；能够人工取火。他们开始注意自己的仪表，会用野兽的皮毛包裹自己，并且戴起了用兽骨、贝壳制成的装饰品。更重要的是，“智人”开始有了自己不太稳定的家庭，开始形成了自己的社会，并且按照一定的秩序劳作和生活。“智人”很快布满了各大洲的主要陆地，并取代了“直立人”。

10万年前，到了“全新世”早期，人科动物的所有其他种类都灭绝了，只有“智人”散布在地球上一些水草丰美的地方，很快，“智人”已经繁殖到将近500万，并迅速成为地球生物的主宰！

有的科学家以能否人工取火为标志，把“智人”分为两个演化阶段：不能够人工取火的叫“早期智人”，能够人工取火的叫“晚期智人”。说起来，我们也应该属于“晚期智人”！

所以，人类起源于非洲，并且从260万年前的“能人”开始向现代人演化，已经成了绝大多数人类学家的共识。

新的发现和探索还在继续进行。

在“新近纪”晚期，因青藏高原隆起形成的不同地理单元，以及季节

小贴士

按照动物分类学，人类在生物界的划分包括哺乳动物纲——灵长目——人科——人属——智人 5 个层次。人科动物是人类所有种类的通称，现仅存 1 属 1 种，即智人（像你我一样的现代人）。现在的生物分类法，已经将猩猩、大猩猩、黑猩猩和矮黑猩 4 种动物划入人科动物的另外一个属，即猩猩属。于是，就成了灵长目——类人猿亚目——猩猩属，和人属处于同一个层次。这样，灵长目下面就有了两个属，一个是人科——人属；另一个是类人猿亚科——猩猩属。人类是地球上现存的唯一的人科动物，已经灭绝了的古人类，即南方古猿、能人、直立人也属于人科动物，而猩猩、大猩猩、黑猩猩和矮黑猩则成了我们人类的近亲。

性气候的变化，导致生物种群快速地进化和更迭。亚洲东南部的这一片地区，成了人类演化的理想之地。 其中，就有一块我们前面提到过的地方：云南。

十年前，一个惊人的发现就出现在云南。

2009 年 11 月 4 日，在云南昭通水塘坝一处“古近纪”的含煤地层里，出现了一具完整的“南方古猿”头骨，经古地磁年代测定，这位“南方古猿”生活的年代，竟然是在距今 620 万至 610 万年间的“新近纪”“中新世”末期！比非洲“南方古猿”生活的时代早了 200 多万年！这个发现，对传统观点又提出了挑战！

难道说，现代地球人的祖先可能是亚洲人？或者说可能是亚洲的“云南人”？

46
最近的一万年

“全新世”到今天，只有短短的一万年。这一万年，也许是地球面貌变化最大的时段。而我们现代人类生活的时代，就是“全新世”。

一万年来，曾经覆盖了北半球将近一半区域的地球最近一次冰期的冰雪大部分融化，剩余的冰雪堆积在北冰洋的洋面上，随着地球的自转绕北极点旋转。加拿大、俄罗斯北部和冰岛，从这次冰期的茫茫冰原里挣扎出来，沐浴着“全新世”的阳光，只有格陵兰岛还一直被近 300 米厚的冰盖覆盖着。这块冰盖，蕴藏着地球上大量的淡水。

一万年来，曾经郁郁葱葱、水草丰美的撒哈拉地区变成了沙漠，而曾几何时，这里是地球表面最大的淡水湖。

一万年来，珠穆朗玛峰升高了将近 30 米，而且还在继续上升，每年

小贴士

“撒哈拉”在阿拉伯语里是“空洞无物”的意思。撒哈拉沙漠是世界上最大的沙漠，西起大西洋，东到红海，北沿阿特拉斯山脉，南抵苏丹草原，面积 800 多万平方千米，荒凉至极，被称为“生命的坟墓”。但是，在 20 世纪 70 年代，地球资源卫星探测到，在撒哈拉沙漠下面，埋藏着古代的山谷与河床，还潜藏着地球上面积最大的淡水湖。一个多世纪以来，地质学家和考古学家在撒哈拉沙漠里发现过许多原始洞穴，洞穴里有古人留下的壁画，壁画上绘有成群的长颈鹿、羚羊、水牛和大象，还有人类在河流里荡舟、捕鱼，猎人执矛、追杀狮子的场面。他们还发掘出古人生活的村庄、劳动工具和生活用品。这些证据显示，在很早以前，撒哈拉曾经是一片生机勃勃的土地。

2009 年，我和朋友一起徒步穿越撒哈拉沙漠，在沙漠腹地也看到了绿洲。绿洲处地下水位很高，有的还渗出地面。沙漠下面的土壤良好，还贮藏着丰富的石油、天然气、黄金、铜、铁、铀、锰矿等，可以说是一块荒凉的宝地。而就是在全新世仅仅一万年左右的时间里，由于地球环境的变化和人类的活动，撒哈拉由绿洲变成了沙漠。

的速度大约是 0.3 厘米。当然，这种上升不可能是无限的。科学家们根据重力、比重、负荷等计算，认为地球上山峰高度的上限是 12000 ~ 13000 米。重力不会允许地球物质无限攀升。超过了某个临界点，地球物质就可能脱离地球引力，进入小行星带。

一万年来，猛犸象、披着长毛的犀牛，以及很多大型哺乳动物完全消失。

一万年来，“智人”完成了向现代“人”的进化。人类经过了石器时代、青铜时代、铁器时代，如今已进化到电子时代和智能时代。

一万年来，“人类”的进化速度和繁殖规模超过了地球以往的任何生物。一万年前，从500万“智人”里演化出来的“人”， 在全球大约有100万。到了2000年前的公元纪元元年时，“人”的规模是2亿，200年前是 10亿，50年前是30亿，1975年达到了40亿，1987年上升到50亿。仅仅12年后，1999年，地球人口达到了60亿。又是一个12年后的2011年10月31日，第70亿名地球人诞生。从“全新世”开始到现在，在地球上曾经生活过的“人”，大概有1167亿。

“人类”的文明史，从公元纪元元年算起，只有短短的2000多年，仅仅是“全新世”的五分之一，相当于“新生代”时间的约三万分之一，实在是短暂。而“人类”的出现和进化，比起在地球生物圈里那些已经出现过的物种，又实在是渺小！

人类不仅应该感恩自然、感恩历史，还应该常常反省：我们有什么理由狂妄自大？我们不过是地球上曾经出现过的无数物种中的一种罢了。

到目前为止，人们从化石中发现的物种大约是200万种。这个数字看起来好像很庞大，其实只是地球整个生物系统中很小的一部分。有科学家统计，自“寒武纪”生命全面演化以来，地球上已经出现过的物种种类，大约是5亿种。所以，迄今我们人类了解的地球，远远不是它的全部。

由于人类的频繁活动，最近2000年来，地球的绿地消失了70%，湿地减少了80%，冰川减少了60%；最近100年以来，海平面上升了20厘米。

>> 一万年前，人类已经能够使用磨制的石器，能够制造各种器皿，并逐渐走向文明

1900年以前，每4年有一种生物灭绝；1900年以后，每年有一种生物灭绝。现在，每年有4万种以上的生物从地球上消失。

谷歌地图上，现在的地球大陆绿色已经不到30%。大片的裸露山地、成串的泥石流、光秃秃的石山、浑浊的河流、干涸的湖泊、废弃的矿山、不断蔓延的沙漠，像一块块疮疤，丑陋地散布在曾经美丽的大地上。而这一切，仅仅发生在近50多年间。

“全新世”已经过去了一万年，现在还在继续。以后还会发生什么？地球在明天肯定还会成长。但是，“人”会怎样？ 我们正处于一个什么样的地球历史时期？

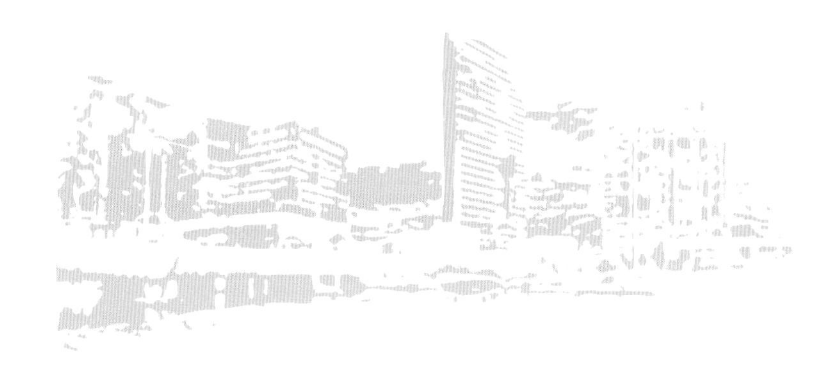

47

第六次“地球生物生存大灾难”的序幕?

地球在每一次生物生存大灾难来临之前，总会出现一些征兆。大气组分的变化、温度的异常、地质作用的频繁、地震火山活动的加剧、生态环境的恶化，以及物种的消失，都是这些征兆最明显的表现。

而这些现象，对于今天的人类来说，已经非常不陌生了!

自从“人类”进化成熟以后，特别是200多年前开始工业革命以来，由于“人类”对地球资源的肆意开发，破坏了地球生命间的相互依存关系，地球生命保障系统遭到了无情的蚕食和破坏。

化石证据表明，在人类出现之前，从“侏罗纪”开始的2亿多年时间里，平均每100年有90种脊椎动物灭绝，每27年有一种高等植物灭绝。

到了“新近纪”晚期，近400万年前，自从“南方古猿”出现以后，鸟类和哺乳动物灭绝的速度提高了 100 ～ 1000 倍。特别是自 1600 年以来，有记录的高等动物和植物已经灭绝了 724 种。这 400 年间，因为“人类”活动范围在不断扩大，生物生存的环境缩小了 90%，物种则减少了一半，其中灭绝的哺乳动物有 58 种，大约每 7 年灭绝一种，灭绝的种类和灭绝的速度较正常的化石记录提高了 7 ～ 70 倍。

最近的 100 年中，地球上灭绝的哺乳动物更是达到 23 种，大约每 4 年灭绝一种，这个速度较正常的化石记录高出了 13 ～ 135 倍。

而“人类”砍伐热带雨林的行为，使其对物种灭绝的影响更为突出。在 1990 年到 2020 年的短短 30 年中，由于砍伐热带雨林，世界上的物种减少了 5% ～ 15%，即每天减少 50 ～ 150 种。蝴蝶、甲壳虫以及蜘蛛等无脊椎动物的数量已经减少了 45%。

在地球生物多样性遭到破坏的同时，人类的生存问题也提上了日程！2018 年 3 月，百余位科学家联合发布了他们经过三年调查提出的全球土质研究报告。报告警告人类：如果再不停止过分损耗赖以生存的土地，只需要 30 年，因为土质退化，全球少则 5000 万人，多则 7 亿人将失去生存的土地，不得不大规模迁移。

但是，他们还能迁移到哪里去呢？人类这个新物种已经让地球的发展空间大大压缩了！人类自有史以来，感觉到了最严重的生存威胁。有的人甚至提出了逃离地球、流浪宇宙的疯狂想法！

我们知道，在地球的历史上，从“寒武纪”以来，已经发生过 5 次大规模的“地球生物生存大灾难”：第一次发生在距今 4.45 亿年前，第二次距离第一次的时间大约是 7300 万年，第三次距离第二次的时间

>> 人们企图离开地球、走向宇宙深处的探索已经在进行

大约是1.2亿年，第四次距离第三次的时间只有将近5000万年，是前三次生存灾难事件时间间隔的一半！显然，“地球生物生存大灾难”的周期在缩短！

离我们最近的第五次“地球生物生存大灾难”，距离第一次生物生存大灾难的时间是3.77亿年，距离第四次生物大灭绝的时间是1.34亿年。

由此，我们大概可以知道，在地球的往事里，五次大规模的“地球生物生存大灾难”，每一次间隔的平均时间，大约是7000万年。从“中生代”开始到现在，距离第五次“地球生物生存大灾难”，已经过去了6600万年，很接近下一次“地球生物生存大灾难”开始的平均时间了！

>> 地球拉开了又一次大规模灾难的序幕？或许，整个过程已经悄悄开始？

已经发生的五次“地球生物生存大灾难”，每一次持续的时间平均大约是 350 万年。这个时间和“南方古猿”出现、“人类”进化到现在的时间差不多！“南方古猿”的出现，就是在近 400 万年前。

所以，如果有下一次“地球生物生存大灾难”，经验上的时间点已经到了！

事实上，地震、海啸、滑坡、位移、火山、森林大火、冰川消融、气候异常、全球变暖、“圣婴”、“厄尔尼诺”、“拉尼娜”等自然灾难，已经越来越频繁地出现在地球上！更别提还有人类对自然的掠夺和破坏、战争、瘟疫、恐怖袭击等一系列问题了。

我们是否正处在第六次“地球生物生存大灾难”的序幕之中？或者，整个过程早已经悄悄开始了呢？

我的回答：是的！

因为“人类”只是地球的一员，而不是地球的主宰。

在地球已经过去的 46 亿年的漫长历史中，“人类”的出现，仅仅是短暂的一瞬。

在地球若干年后的某个“代”或者“纪”里，某位智慧生物敲开一块石头，会找到由我们当中的某一位幸运者变成的化石。他仔细研究后肯定地说：“看哪！这就是在若干若干亿年前，生活在‘显生宙’‘新生代’‘新近纪’中晚期的物种——‘人类’。他们在第六次‘地球生物生存大灾难’中消失了！”

我想，在地球往后若干亿年的日子里，这一幕肯定会发生！

经过了我们这次 46 亿年的穿越，我想，你也会同意这一观点！

尾声　世界地球日，迟到的呼唤

到现在为止，我们已经把地球46亿年的历程穿越了一次。我们还能继续穿越下去吗?

科学家们根据宇宙、太阳、地球形成、演化的过程和规律，推测出：虽然已经过去了46亿年，我们的地球还处于中年。也就是说，地球还能以这种状态存在50亿年。当然，除非是发生了天体撞击等意外事件。

在穿越的过程中，我们已经知道了：自“寒武纪”生命全面演化以来，地球上已经出现过的物种大约是5亿种。也许，在这些物种当中“人”是演化历程最新的动物。但是，和所有其他的动物物种比起来，“人”和地球的矛盾可能也是最尖锐的。我们不知道在“人”以后，还会演化出怎样的新物种，甚至我们今天的“人”，还有没有继续向着未来演化的前景。

因为地球的环境问题，已经尖锐地摆在了每一个地球人面前，是到了让我们这个地球“新物种”高度重视的时候了！虽然呼唤来得晚了一些，但是只要大家行动起来，把保护环境、关爱地球当作我们的自觉行动，那么第六次“地球生物生存大灾难”就可能延缓到来。

1970 年，由两位热心的环保人士发起，每年的 4 月 22 日被定为“世界地球日（Earth Day）”。这是一个专为世界环境保护而设立的节日，旨在提高民众对现有环境问题的重视程度，并动员民众参与到环保运动中。通过绿色低碳生活，改善地球的整体环境。现在，地球日的庆祝活动已经发展至全球 200 多个国家和地区，每年有超过 10 亿人参加，“世界地球日”已经成为世界上最大的民间环保节日。

完成了穿越地球 46 亿年旅程的你，是不是更应该投入到“世界地球日”的活动中呢?

后记

我上中学时，一位哲学家的话给我留下了深刻的印象。他说："如果把大自然所有的秘密看作一百的话，人类已经了解的，最多只有百分之五。"半个多世纪过去了，人类已经登上了月球，发现了引力波，用哈勃望远镜看到了更加遥远的河外星系；量子力学使人们深入到了更加神秘的微观世界；基因工程逐渐地揭开生命的秘密；计算机和网络技术彻底改变了人们的生产生活；现代化的交通系统，正在迅速地把地球变成一个"村"。

尽管这样，人类对大自然的了解仍然是初步的。那位哲学家的话也仍然没有过时。人们掌握的知识越多，对自然的探求欲就越强烈。在无数有趣的问题当中，追问地球的过去，必定是一个永远不会穷尽的话题。

很多人对人类活动的思想史、文化史、艺术史、宗教史、民族史等，都不陌生，对地球的结构、地形、气候、物种、产出等多有了解，对自然、宇宙、天体、行星等也知道一些，但是对我们赖以生存的这颗神秘星球及其漫长的历史却了解有限。要改变这样的状况，只能到地质科学中去学习地球发展史的知识。

地质学是一门综合科学，涉及天体学、矿物学、地层学、岩石学、海洋学、冰川学、古生物学、地史学、物理学、化学、勘探学、测量学、水文学等，既有理论上的综合性，又有应用上的实践性。地质工作者必须跋山涉水，风餐露宿，用自己的双脚去丈量大地，用知识和智慧去寻找宝藏。同时，也希望有更多的朋友，来分享我们的成果。

几年前，我出版了科普作品《云南地质之旅》，介绍了46亿年的地质历史中，云南大地的发展变化过程，填补了云南地质历史专题介绍上的空白。李传志老师的漫画插图，使这本书受到了更多的欢迎。《云南地质之旅》被好几个机构评为优秀科普作品。很快，中国地图出版社的赵强老师注意到了这本书，他鼓励我从更广的空间、更新的角度，写一本关于地球历史的书，把地球科学的知识普及到更大的范围。于是，有了今天这本《46亿年，穿越地球》。

应当说，全面介绍地球地质历史的作品非常少。我的愿望，是把《46亿年，穿越地球》写成一本科普读物，而不是专业著作，因此在撰写中尽量减少教科书似的描述。把枯涩的专业术语转化为通俗文字，把分散的知识点筛选成重点有趣的段落，是我写这本书最大的难点。对我而言，《46亿年，穿越地球》的创作，既是一次新的考验和尝试，也是一项开创性的工作体验。

了解过去，是为了更加珍惜现在，更好面对未来。在本书中，我力图用最通俗易懂的语言，将地球诞生46亿年以来发生的地质历史事件介绍给大家，让大家基本了解地球诞生、成长、演化的大体过程，知道在这个过程中，植物、动物、矿物是怎样演化的，大地、海洋是怎样形成、变化的，我们脚下的土地为什么会是现在的样子，以及将来可能会怎样发展、变化等。有一些现象，我用了大量的比喻来帮助大家了解，并尽可能地增加大家的阅读兴趣。有一些观点，我是第一次提出来供大家探讨。比如，地球生物不是“进化”而是“演化”而来的；地球上几次生物事件，不是“生物大灭绝”，而是“生存大灾难”；矿物也存在“演化”的过程，等等。有一些内容，我进行了特殊选取。比如，在动物演化的历程里，突出介绍鲜为人知的“鲎”和“始盗龙”，用专门章节介绍历史上发生过的五次“地球生物生存大灾难”，展示毁灭、再生的螺旋式发展的自然规律。我特别想表明的是，地球的演化、成长，并不是某一方面的原因单独主导的，而是由地质作用、气候变化、生物演化、矿物演化这四个领域相互影响、相互作用、共同促进的结果。

本书没有完全按照地质年代表的顺序讲述历史，而是有跳跃和穿插，目的是想从不同的角度和重点，帮助大家了解地球历史的过程，加深对兴趣点的关注，同时对我们的一些新观点和提法进行思考。我想让更多的人了解、关爱这颗星球。

效果是不是达到了，只有您能够评判。

《46亿年，穿越地球》文稿最终完成，内容经过了云南省地勘局、云南省地质学会、云南省地质科研所有关专家的审定。中国地图出版社的赵强老师、余凡老师对本书的创作给予了很大帮助。李传志老师再一次为本书绘制漫画插图，为这部科普作品增添了光彩。中国地质博物馆的尹超老师、卞跃跃老师帮助我纠正了书中的一些疏漏。我的好朋友、著名探险家金飞豹为本书写了《一本适合陪伴你旅行的书》（代序）。

这本书是我们的共同成果。我要对他们表示深深的感谢！